河出文庫

世界一素《そ》朴《ぼく》な質問、宇宙一美しい答え

ジェンマ・エルウィン・ハリス 編
西田美緒子 訳
タイマタカシ 絵

目次

◈

世界一素朴《そぼく》な質問、宇宙一美しい答え

まえがき　23

1　まだだれも見たことのない動物が、どこかにいるの？　27
デヴィッド・アッテンボロー卿《きょう》（動物学者、植物学者）

2　ミミズを食べても大丈夫《だいじょうぶ》？　29
ベア・グリルス（冒険家《ぼうけんか》、サバイバルの達人）

3　原子《げんし》ってなあに？　31
マーカス・チャウン（宇宙の本の著者）

4　どうしていつも大人の言うことをきかなくちゃいけないの？　33
ミランダ・ハート（コメディアン）

5　血はなぜ赤いの？　どうして青くないの？　36
クリスチャン・ジェッセン博士（医師）

6　夢はどんなふうに生まれるの？　38
アラン・ド・ボトン（哲学者《てつがくしゃ》）

7　世界を歩いて一周するには、どれくらい時間がかかる？　41
ロージー・スウェイル＝ポープ（走って世界一周した女性冒険家《ぼうけんか》）
8　どうして音楽があるの？　44
ジャーヴィス・コッカー（ミュージシャン）
9　エイリアンはいるの？　47
セス・ショスタク博士（天文学者）
10　風はどこからくるの？　50
アントニー・ウッドワードとロバート・ペン（作家）
11　恐竜《きょうりゅう》は絶滅《ぜつめつ》して、ほかの動物は絶滅しなかったのはなぜ？　53
リチャード・フォーティ博士（古生物学者）
12　草や木はどうやって小さい種《たね》から大きくなるの？　56
アリス・ファウラー（ガーデニングの専門家）
13　サルはどうしてバナナが好きなの？　59
ダニエル・シモンズ（ロンドン動物園飼育員）

14 人間の脳は地球上でいちばん強いの？
ダレン・ブラウン（イリュージョニスト） 61

15 地球温暖化《ちきゅうおんだんか》ってなに？
マギー・アデリン＝ポコック博士（宇宙科学者） 63

16 しゃっくりはどうして出るの？
ハリー・ヒル（コメディアン） 66

17 宇宙はなぜあんなにキラキラしているの？
マーティン・リース（天文学者、英国王室天文官） 69

18 動物はどうしてわたしたちみたいに話ができないの？
ノーム・チョムスキー（言語学者、哲学者《てつがくしゃ》） 73

19 自動車はどうやって動くの？
デヴィッド・ルーニー（ロンドン科学博物館の輸送機関学芸員） 76

20 自分で自分をくすぐれないのはなぜ？
デヴィッド・イーグルマン（脳神経学者） 79

21 世界ではじめてペットを飼ったのはだれ？ 82
セリア・ハッドン（作家、ペット相談回答者）
22 惑星《わくせい》はなぜ丸いの？ 85
クリストファー・ライリー教授（サイエンスライター、コメンテーター）
23 ハチはハチを刺《さ》せる？ 89
ジョージ・マクギャヴィン博士（昆虫学者《こんちゅうがくしゃ》）
24 どうして食べものを料理するの？ 92
ヘストン・ブルメンタール（シェフ）
25 スポーツで負けてばかりのとき、どうすればやる気がでる？ 95
ケリー・ホームズ（陸上競技選手、オリンピック金メダリスト）
26 なぜ戦争が起きるの？ 97
アレックス・クロフォード（戦場記者）
27 どうしてトイレに行くの？ 99
アダム・ハート＝デイヴィス（作家）

28 ライオンはどうして吠《ほ》えるの？ 103
ケイト・ハンブル（野生生物テレビ番組のプレゼンター）

29 どうしてお金があるの？ 107
ロバート・ペストン（BBCビジネスエディター）

30 世界ではじめて本を書いた人はだれ？ 110
マーティン・ライアンズ教授（歴史学者）

31 どうしてゾウの鼻は長いの？ 112
ミケイラ・ストラカン（野生生物テレビ番組のプレゼンター）

32 どうして意地悪なんかするのかな？ 114
オリヴァー・ジェームズ博士（心理学者）

33 木はどうやって、わたしたちが息をする空気を作っているの？ 117
デヴィッド・ベラミー博士（植物学者）

34 宇宙のはじめに「なんにもなかった」のなら、どうして「なにか」ができたの？ 120

35 いろんな肌《はだ》の色をした人がいるのはなぜ？
サイモン・シン博士（サイエンスライター） 123
36 北極と南極の氷は、いつかはぜんぶとけちゃうの？
カール・ジンマー（サイエンスライター） 125
37 「よい」は、どこから生まれるの？
ガブリエル・ウォーカー博士（気候とエネルギーのライター、コメンテーター） 129
38 太陽はなぜ熱いの？
A・C・グレイリング（哲学者《てつがくしゃ》） 132
39 世界じゅうでいちばん絶滅《ぜつめつ》しそうな動物は？
ルーシー・グリーン博士（宇宙科学者） 135
40 女の人には赤ちゃんが生まれて男の人に生まれないのはなぜ？
マーク・カーワーディン（動物学者） 138
サラ・ジャーヴィス博士（医師、コメンテーター）

41 重力《じゅうりょく》ってどんなもの？　宇宙にはどうして重力がないの？
ニコラス・J・M・パトリック博士（NASA宇宙飛行士） 141

42 人はどうして永遠に生きていられないの？
リチャード・ホロウェイ（作家、コメンテーター） 144

43 水はどうやって雲になって、雨をふらすの？
ギャヴィン・プレイター＝ピニー（作家、雲を愛《め》でる会の設立者） 146

44 空を飛ぶ動物には（コウモリはべつにして）なぜ羽毛が生えているの？
ジャック・ホーナー（古生物学者） 150

45 わたしの脳はどうやってわたしを思いどおりに動かしているの？
スーザン・グリーンフィールド（神経科学者） 153

46 わたしたちはみんな親戚《しんせき》？
リチャード・ドーキンス博士（進化生物学者） 157

47 ふってくる雪がみんなちがうかたちだって、どうしてわかる？
ジャスティン・ポラード（歴史学者） 161

48 時間は、はやくすぎてほしいときには、なぜゆっくりすぎるの？
クラウディア・ハモンド（心理学者、ラジオ番組のプレゼンター） 165
49 世界ではじめて金属のものを作ったのはだれ？
ニール・オリヴァー（考古学者） 168
50 炭酸《たんさん》の飲みもののなかに、泡《あわ》はどうやってはいるの？
スティーヴ・モールド（科学番組コメンテーター） 171
51 空はどうして青いの？
サイモン・イングス（サイエンスライター） 173
52 スポーツ選手は、観客がうるさいとき、どうやって集中するの？
コリン・モンゴメリー（プロゴルファー） 176
53 サルとニワトリに共通点はある？
ヤン・ウォン博士（進化生物学者、科学番組コメンテーター） 179
54 人間はどうやって文字を書くことをおぼえたの？
ジョン・マン（歴史作家） 182

55 科学者がバイ菌《きん》をしらべるのはなぜ? わたしには見えないのはなぜ?
ジョアン・マナスター(生物学者、科学教育者) 186
56 お月さまのかたちはどうして変わるの?
クリストファー・ライリー教授(サイエンスライター、コメンテーター) 189
57 数字は永遠につづく?
マーカス・デュ・ソートイ(数学者) 193
58 最初の種子《しゅし》はどこからやってきた?
カレン・ジェームズ博士(生物学者) 195
59 オリンピックに出たいなら、なにをしなくちゃいけない?
ジェシカ・エニス(アスリート) 198
60 世界最初の芸術家はだれ?
マイケル・ウッド(歴史家) 199
61 わたしは、なにでできているの?
ローレンス・クラウス教授(素粒子《そりゅうし》物理学者、宇宙学者) 202

62 ペンギンは南極にいるのに北極にいないのはなぜ？
ヴァネッサ・バーロウィッツ（テレビドキュメンタリー制作者） 205
63 飛行機はどうやって飛ぶのかな？
デヴィッド・ルーニー（ロンドン科学博物館の輸送機関学芸員） 209
64 世界でいちばん力もちの動物はなあに？
スティーヴ・レオナルド（獣医師《じゅういし》、野生生物テレビ番組のプレゼンター） 213
65 水にさわると、どうしてぬれている感じがするの？
ロジャー・ハイフィールド（サイエンス・ミュージアム・グループの広報担当部長） 215
66 もし骨がなかったら、わたしはどんなふうに見える？
ジョイ・S・ゲイリン・ライデンバーグ教授（比較解剖学者《ひかくかいぼうがくしゃ》） 219
67 ウシは空気をよごしているの？
ティム・スミット（エデン・プロジェクト最高責任者） 222
68 本を書く人は、どうやってアイデアを思いつくの？ 226

フィリップ・プルマン（作家）
69 男の人にはヒゲが生えて、女の人に生えないのはなぜ？ 230
クリスチャン・ジェッセン博士（医師）
70 砂糖はからだに悪いの？ 232
アナベル・カーメル（育児本作家）
71 エジプトのピラミッドはどうやって作った？ 235
ジョイス・ティルズリー博士（エジプト学者）
72 夜になるとどうして空が暗くなるの？ 237
クリストファー・ポッター（サイエンスライター）
73 電気はどうやって作る？ 240
ジム・アルカリーリ教授（科学者、コメンテーター）
74 わたしたちの骨はなにでできているの？ 243
アリス・ロバーツ教授（解剖学《かいぼうがく》の専門家、コメンテーター）
75 食べものも水もなしにボートに乗っているとしたら、どうすればいい？ 246

ロズ・サベージ（手漕《てこ》ぎボートで三つの大洋を単独横断した女性）

76 わたしのネコはどうしていつも家に帰る道がわかるの？ 249
ルパート・シェルドレイク博士（生物学者、作家）

77 地球のなかには、なにがあるの？ 253
イアン・スチュアート教授（地質学者）

78 神様ってだれ？ 256
ジュリアン・バジーニ（哲学者《てつがくしゃ》）
メグ・ローゾフ（作家）
フランシス・スパフォード（作家）

79 世界じゅうには何種類の甲虫《こうちゅう》がいる？ 263
ジョージ・マクギャヴィン博士（昆虫学者《こんちゅうがくしゃ》）

80 宇宙はどれくらい遠い？ 266
マーカス・チャウン（宇宙の本の著者）

81 稲妻《いなずま》はどうやって起きるの？ 269

82 背の高い人と低い人がいるのはなぜ？
キャシー・サイクス教授（物理学者） 273
83 おしっこはどうして黄色いの？
ケイティ・ウッダード（法医学者） 275
84 わたしはどうして退屈《たいくつ》するの？
サリー・マグヌソン（ジャーナリスト） 278
85 口のなかにはほんとうに、やりをもった悪魔《あくま》が住んでいるの？
ピーター・トゥーヘイ教授（学者、作家） 281
86 わたしたちはなぜ夜になると眠《ねむ》るの？
リズ・ボニン（科学・自然テレビ番組のプレゼンター） 285
87 いつかは過去に戻《もど》れるようになる？
ラッセル・G・フォスター教授（時間生物学者、神経科学者） 288
88 火はどうやってもえるの？
ジョン・グリビン博士（サイエンスライター、SF作家） 290

ドクター・バンヘッド（スタントサイエンティスト）

89 世界にはどうしてたくさんの国があって、ひとつの大きい国ではないの？ 294

ダン・スノウ（歴史学者）

90 なにが、わたしをわたしにしているの？ 297

クリス・ストリンガー教授（古人類学者）

ゲアリー・マーカス教授（認知《にんち》科学者、作家）

マイケル・ローゼン（作家、詩人）

91 ウシが一年間おならをがまんして、大きいのを一発したら、宇宙まで飛んでいける？ 303

メアリー・ローチ（サイエンスライター）

92 海の水はどうしてしょっぱいの？ 307

マーク・カーランスキー（ジャーナリスト）

93 インターネットは、なんのためにあるの？ 310

クレイ・シャーキー（インターネットに注目するライター）

94 どんなふうに恋《こい》に落ちるの？ 312
ジャネット・ウィンターソン（作家）
デヴィッド・ニコルズ（作家）
ロビン・ダンバー教授（進化心理学者）

95 わたしの胃《い》をぜんぶのばすと、どのくらい長い？ 319
マイケル・モスリー博士（サイエンスコメンテーター）

96 わたしがいつも、きょうだいげんかばかりするのはなぜ？ 322
タニア・バイロン教授（臨床《りんしょう》心理学者）

97 虹《にじ》はなにでできている？ 325
アントニー・ウッドワードとロバート・ペン（作家）

98 お月さまはどうして光るの？ 327
ヘザー・クーパー博士（宇宙物理学者）

99 海はどこからくる？ 330

ガブリエル・ウォーカー博士（気候とエネルギーのライター、コメンテーター）

100 カタツムリには殻《から》があって、ナメクジに殻がないのは、なぜ？ 333
ニック・ベイカー（ナチュラリスト、コメンテーター）

番外編 335
謝　辞 341
訳者あとがき 345
文庫版追記 349
回答者略歴 371

真実や美を探求《たんきゅう》することは、
われわれが一生涯《いっしょうがい》子どもであり続けることを許されている
活動領域である。
――アルベルト・アインシュタイン

世界一素朴《そぼく》な質問、宇宙一美しい答え

本書をエヴィー、ロージー、エリザ、セスに捧《ささ》げる

まえがき

わたしの息子《むすこ》は二歳《さい》ですが、もういろいろな質問をします。少し前には、保育園から大急ぎで家に帰る道すがら、月を指さして「あれはなあに？」と聞いてきました。今のところ「あれはお月さま」と答えればすむでしょうが、月はなにでできているのか、どれくらい遠くにあるのか、月で金魚は生きていられるのか、説明に苦心する日は、すぐそこまできています。

子どもの質問は、大人が答えに詰《つ》まるようなものばかりです。正解や答えの一部を知っているのに、まったく思いだせないことや、生半可《なまはんか》な説明しか思いうかばないこともあります。そんなとき、その道の著名な専門家に助けを借りて、子どもにもわかるシンプルな言葉で代わりに答えてもらえたら、どんなにすばらしいか……そう考えて、この本ができあがりました。

一〇の小学校に協力してもらい、四歳から一二歳までの数千人の子どもたちに、今いちばん答えを知りたいことを書いて送ってほしいとお願いしました。すると、刺激《しげき》的《てき》で楽しい質問がつぎつぎに届きはじめました。「宇宙はなぜあんなにキラキラしているの？」、「世界ではじめてペットを飼ったのはだれ？」、「ハチはハチを刺《さ》せる？」などの、かわいらしくて大人には思いもよらない質問がありました。一方で、「電気はどうやって作る？」、「海はどこからくる？」という、ひどくむずかしい質問もありました。また、哲学的《てつがくてき》難題の核心《かくしん》をつくような、奥深《おくぶか》い質問もいくつかありました。「なぜ戦争が起きるの？」、「どんなふうに恋《こい》に落ちるの？」、「『よい』は、どこから生まれるの？」などです。

子どもたちひとりひとりが自分の手で書いてくれた質問には、からだの働きに関する疑問が多くありました。「おしっこはどうして黄色いの？」と、みんなが常々《つねづね》気にしている様子がうかがわれます。宇宙のふしぎも明らかにたくさんの子どもたちをとりこにしているし、動物——ニワトリ、ウシ、サル——がたびたび登場するのも当然のことです。それを全部ひっくるめて、ウシとおならと宇宙旅行を完璧《かんぺき》に組みあわせた、「ウシが一年間おならをがまんして、大きいのを一発したら、宇宙まで飛んでいける？」という天才的な質問までありました。

世界に名を知られた専門家なら、こうした質問にどう答えるのでしょうか？　回答者たちからの返事には、はっとするようなものも、心温まるものもありました。回答者のみなさんには、NSPCC（子どもへの虐待《ぎゃくたい》防止の活動をすすめているイギリスの慈善団体《じぜんだんたい》）のために、忙《いそが》しい合間をぬってこの本の共著に時間を割《さ》いていただきました。

ベア・グリルスは、ミミズを食べても大丈夫《だいじょうぶ》なのか、また自分がミミズを食べることにどんな意味があるかを、苦心して答えています。ジェシカ・エニスは、二〇一二年ロンドンオリンピックのわずか二か月前に、意欲をもやすオリンピック選手のモットーをEメールで送ってくれました。ダレン・ブラウンは「人間の脳は地球上でいちばん強いの？」という質問に、みごとな頭脳を駆使《くし》して答えました。

この本は、質問への唯一《ゆいいつ》の正解を示そうとするものではありません。それぞれの分野の専門家が、子どもたちからの思いがけない質問に「自分ならこう答える」と考えた声を集めたものです。家族みんなでこの本を楽しみ、なにか印象に残った質問と答えがあればうれしく思います。たとえば、自分が出したメタンガスをエネルギーにして、成層圏《せいそうけん》へと舞《ま》いあがっていくウシを想像してみてください（サイエンスライターのメアリー・ローチと、その友人のロケット科学者レイには、まじめに計算をしてくれたことに感謝しています）。

わたしの息子があの晩、月のことを質問したとき、わたしは家の冷蔵庫にはいっているもので作れる夕食のメニューを必死に考えているところでした。でも息子のほうはバギーにゆったりとすわって空を見あげ、夜空の美しさを満喫《まんきつ》していました。そのとき、夕闇《ゆうやみ》に包まれて幻想的《げんそうてき》な光を放っているまん丸の青白い月に、生まれてはじめて気づいたのでしょう。「あれはなあに？」と問われて、わたしも否応《いやおう》なしに満月を見あげました。立ち止まってじっと見つめていると、満月は、なんともふしぎな、見たこともないもののように思われました。

ジェンマ・エルウィン・ハリス

1 まだだれも見たことのない動物が、どこかにいるの？

デヴィッド・アッテンボロー卿《きょう》（動物学者、植物学者）

いるよ。何百種類も。いや、何千種類かな。でもどれだけの数がいるか、はっきりはわからない。だれも見たことのない動物を数えるなんて、できっこないからね。

熱帯のジャングルに出かけたとしよう。朝から晩まで、足もとの草や高くそびえた木の葉っぱあたりめがけて、虫とり網《あみ》をふりまわしている自分を想像してごらん。何百匹《びき》もの昆虫《こんちゅう》が網にかかるにちがいない。たいていは甲虫《こうちゅう》という、コガネムシやカミキリムシやカブトムシのなかまだ。そのなかに、まだだれも見たことのない種類もいるだろうか？　そういうときは、甲虫を研究している学者にたずねてみるのがいちばんだ。学者は、ほとんどの虫を、ひと目で見分けてしまう。それでも、首をひねったまま、すぐには答えが出ない種類だって少しはいるかもしれない。

新種かな？　いや、それをたしかめるにはずいぶん時間がかかる。ほんとうにまだだれも見たことのない種類だとわかるまで、学者は博物館にある標本や図鑑《ずかん》にのっている写真と、ひとつひとつ見くらべながら、虫をくわしくしらべていく。そうやって新種が見つかることもある。じつをいうと、まだだれも見たことのない甲虫をさがすより、このむずかしい仕事をなしとげられる甲虫の学者をさがしだすほうが大変なくらいさ。

大きい動物でだれにも知られていないものとなると、もうめったにいない。見つかるチャンスがいちばん大きいのは、この地球で人間の目がいちばん行きとどいていないところ——そう、深い深い海の底だろう。なにしろ、とくべつな深海潜水艇《しんかいせんすいてい》に乗らなければ、行くことさえできない。潜水艇は、信じられないほどの水の重さがかかってもつぶれないくらい、頑丈《がんじょう》でなければいけないしね。しかも、もちろんまっ暗やみだから、生きものをさがすための強力なライトも必要になる。

暗やみを照らすひとすじの光のなかに、なにかがチラッと見えたら？　いや、つかまえてくわしくしらべなくては、新種かどうかはたしかめられないよ。そんなところで動物をつかまえるのは、とんでもなくむずかしいし、とくべつあつらえの道具もいる。でも、まっ暗な深い海の底には、まだだれも見たことのない怪物《かいぶつ》がきっとひそんでいるとは思わないかい？

2 ミミズを食べても大丈夫《だいじょうぶ》?

ベア・グリルス(冒険家《ぼうけんか》、サバイバルの達人)

そうだなあ、つまり……自分のいのちがかかっているなら、ミミズを食べてもぜったいに大丈夫《だいじょうぶ》だ。だけど、きみだって毎日は食べたくないにきまっている。それに、もし食べるなら気をつけなくちゃいけない。ミミズのおなかには、悪いものがはいっていることがあるからね(ミミズは年がら年じゅう土のなかをはいまわっているんだもの!)。だから食べる前に、料理しておくのがいちばんのおすすめだな。松の葉もいっしょにいれて火にかけて煮《に》れば、ちょっとは味もよくなる。

ぼくは、はじめてミミズを食べたときのことを一生忘れないと思う。まず、なかまの兵士が長くてヌルヌルしたミミズを歯のあいだにはさみ、生きているのをモグモグやって、ゴクリと飲みこんだ。ぼくは突《つ》っ立ったまま、信じられないって顔して見ていた。吐《は》き気《け》がしたよ。だから自分の番がきたときには、ほんとうに、もうちょっとで吐くところだった。

でもね、何回もやっているうちに、それに腹ペコなら、だんだん平気で食べられるようになる。そこに、人生とサバイバルのほんとうの秘訣《ひけつ》があるんだ。「強い気もちをもてば、できそうもないことにだって、できる方法が見つかる」。それがミミズの教え。そうそう、もうひとつおぼえておいてほしい。「どしゃぶりの日にも笑顔《えがお》を忘れない」ってことを。それが二番目にたいせつな教えだ。さあ、家になんか閉じこもっていないで、探検に出かけよう！

3　原子《げんし》ってなあに？

マーカス・チャウン（宇宙の本の著者）

原子というのは、おもちゃのブロックのようなものです。原子のブロックを使って、あらゆるものができています。あなたも、わたしも、庭の木も、みんなが毎日吸ったり吐《は》いたりしている空気も、どれもこれも原子の集まりです。原子はとても小さいので、目で見ることはできません。この文の終わりについている「はてなマーク」の点は見えますか？　この点のはしからはしまでに、原子は何百万個もならびます！

でも、もし原子が見えるとすれば、とてもおかしなことに気づくでしょう。原子には中身があまりないのです。それどころか、ほとんどからっぽなのです。

原子のまんなかには、ものすごく小さい粒《つぶ》があります。その粒は「原子核《げんしかく》」と呼ばれています。そのまわりを、それよりもっと小さい「電子《でんし》」と呼ばれている粒が、グルグル、グルグル、休みなく飛びまわっています。太陽のまわりをいくつもの惑星《わくせい》がまわっているのと同じように。ただし、まんなかの原子核とまわりの電子のあいだには、なんにもなくて、あきれるほど広い空間があいています。つまり――わたしたちは原子でできているのですから――あなたも、わたしも、おおかた、からっぽの空間ということになります。

ほんとうの話、原子のなかはスカスカなので、世界じゅうの人たちぜんぶを作りあげている原子から空間をすっかり絞《しぼ》りだしてしまうと、角砂糖《かくざとう》ひとつくらいの大きさになるんです。ちょっと想像してみてください。人類ぜんぶが角砂糖一個になってしまうなんて！　そうそう、でもそれは、とてつもなく重い角砂糖です。

原子について、もうひとつ教えておきましょう。原子には九二のちがう種類があります（そのほかに、科学者たちが作った、自然にはない種類がいくつかあります）。そして、レゴのブロックをいろいろに組みたてれば、家でもイヌでも船でも作れるように、原子がいろいろに組みあわさって、バラや木や生まれたての赤ちゃんになっています。わたしたちはみんな、原子の組みあわせでできているのです。ひとりひとりちがっているのは、原子の組みあわせが、みんなそれぞれにちがっているからです。

4 どうしていつも大人の言うことをきかなくちゃいけないの?

ミランダ・ハート(コメディアン)

正直なところ、わたしもたまに、どうしてかなって思うのよ。あなたがこんなふうに質問するのは、大人がわけのわからないことをするのを見たから? それとも、正しくないとか、ずるいとか思えることを、大人からしなさいと言われたから? 言われたことをやらずにすんだなら、どんなによかったかと思っているでしょうね。わたしだって、これでもいちおう大人だけれど、年上の人や目上の人からなにかをしなさいと命令されて、ひどく腹が立ち、その人の言うことはまちがっていると感じることがある。

ただ、なんだかんだ言っても、年上の人には自分よりずっとたくさんの経験と知恵《ちえ》があって、正しい判断をしていると思わなくちゃ。しかもわたしたちのことが大好きだから、わたしたちが危なくないように、わたしたちのためになるように考えているのよ。そのときにはそうは思えないこともあるだろうし、大人だって、ときには早とちりもする。もし、どうしても大人の言うことに賛成できないと思ったら、落ちついて、プンプン怒《おこ》ったりせず、自分が思ったことを伝えてみて。それで返事を聞いてね。ただ、人は年を重ねれば重ねるほど経験が豊かになるから、それにつれて賢《かしこ》くなって、なにがいちばんいいかがわかってくるものなの。先頭に立って命令するのは、そのせいよ。いつかあなたが大人になったら、わたしの言っていることがよくわかると思うわ。

そういうことなんだけど、あなただけに、ちょっとした秘密を教えてあげる。大人がまちがえちゃうのは、子どもだったころの気もちを忘れているからだと思うの。あなたの力で、大人に三つのたいせつなことを思いだしてもらってね。

第一に、あなたといっしょに遊ぶ時間をちゃんと作るのがかんじんだってこと。大人はついつい働きすぎてしまうから。

第二に、ほかの人が自分のことをどう思うか気にするのはやめて、気どったりしないで、大いばりで自分の夢を口にすること。夢を追いかけないなんて、ほんとうにばからしいでしょ？　そうは思わない？

そして最後に、毎日、その日のことだけを考え、楽しいことをひとつ残らず見つけ、明日の心配をしないこと。大人は目の前のことをすなおによろこぶのをすっかり忘れちゃっているけれど、あなたはとても得意だから、きっと教えられるわ。

5 血はなぜ赤いの？　どうして青くないの？

クリスチャン・ジェッセン博士（医師）

王様と女王様の血は青いなんて話を、聞いたことがあるかもしれないね。そうだったらおもしろいけれど、それはほんとうじゃないな。血が青い人なんて、ひとりもいないのさ。人間の血はいつだって赤い。

きみの腕《うで》にすけて見える血管《けっかん》をじっくりながめていると、青い血がはいっているように思えてくるよね。でもこれは、外からすけて見える静脈《じょうみゃく》という血管が、皮膚《ひふ》のすぐ下を走っていて、皮膚が光のなかのきまった色だけをとおすからなんだ。外からはまるで血が青いように見えても、血管のなかの血は赤いままだ。

それじゃあ、血はなぜ赤いのだろうか。それは「ヘモグロビン」という、血に含《ふく》まれているとてもたいせつな化学物質《かがくぶっしつ》のせいだ。ヘモグロビンは、きみが肺《はい》から取りいれた酸素《さんそ》を、からだのすみずみにまで運んで、動くエネルギーをくれる。ヘモグロビンの色は、少しだけ変わることがあるけれど、ぜったい青にはならない。からだに酸素がたっぷりあるときは、ヘモグロビンのおかげで血はあざやかな明るい赤をしている。ところがきみが走ったり遊んだりして、いつもよりよけいに酸素を使ってしまうと、血はだんだん黒っぽい赤に変わる。そうなると酸素を補給《ほきゅう》するために、その血は大いそぎで肺に送りもどされる。

ただし、血が青い動物も少しはいる。どんな動物か知っているかな? タコ、イカ、ロブスター、カブトガニ——こういう動物の血は、みんな青いんだ!

6　夢はどんなふうに生まれるの？

アラン・ド・ボトン（哲学者《てつがくしゃ》）

　きみは、たいていいつも、自分の心は自分の思いどおりになると感じているでしょう。レゴで遊びたい？　それは自分の頭で遊びたいと考えたからですね。本を読むのが楽しい？　それは文字を組みあわせて読みすすむうちに、心のなかで登場人物を思いうかべるからですね。

　ところが夜になると、ふしぎなことが起こります。眠《ねむ》っているあいだに、心ではじつにへんてこな、あっとおどろくような、ときにはぞっとするようなショーがはじまるのです。

　アマゾン川で泳いだり、飛行機の翼《つばさ》にぶらさがったり、いちばん苦手な先生の試験を五時間もぶっつづけで受けたり、ミミズを山ほど食べたりします。じっさいに知ってはいても、たぶんほとんど気にとめていなかったことが、あざやかなカラーの場面となって不意《ふい》に目の前にあらわれます。アフリカ旅行の夢を見ていると思ったら、よく行く売店のお兄さんが主役でさっそうと登場することもあります。学校でいちども口をきいたことのない子が、夢では親友になっていることもあります。

そのむかし、夢には未来を知らせる手がかりがたくさん隠《かく》されていると考えられていました。でも今では、その日一日の活動を終えた心が、夢を見ることで整理《せいり》整頓《せいとん》され、元のきちんとした状態に戻《もど》るのだと考えられるようになっています。

では、ときどきこわい夢を見るのはなぜでしょうか？　まわりでドッキリするようなことが起きても、昼間は忙《いそが》しくてよく考えているひまがありません。夜になり、安心して眠っていると、こわいことでも自由に思いうかべる余裕《よゆう》が生まれます。また、昼間にとても楽しいことをしたのに、急いでいるせいでゆっくり味わえなかったのかもしれません。それも夢に出てくるでしょう。夢では、見すごしたことをふりかえり、心の傷をいやし、自分の好きな物語を作り、ふだんは心の奥《おく》にしまいこんでいる恐怖《きょうふ》心《しん》を正面から見なおします。

夢は現実よりずっとワクワク、ドキドキにあふれていますね。それは、わたしたちの脳がすばらしい装置で、宿題や遊びやコンピューターゲームに使っているときにはあまり感じない、大きなパワーを秘めているしるしです。そして夢は、自分が自分の思いどおりにならないこともあると教えてくれます。

7 世界を歩いて一周するには、どれくらい時間がかかる？

ロージー・スウェイル＝ポープ（走って世界一周した女性冒険家《ぼうけんか》）

歩くとどうなのかはわからないけど、わたしが走って世界一周するのにかかった時間は一七八九日。そのあいだにすりきれた靴《くつ》は五三足！

夫を亡《な》くしたあと、寄付を集めようと思いたち、世界一周に出発したの。決心してほんとうによかったと思っているわ。それはそれは、すばらしい旅だったから。人間、動物、森――そして自分についても、さまざまなことがわかったし。

なかでも忘れられない経験は、シベリアの森でオオカミの群れに出会ったこと。シベリアは地球上でどこよりも荒涼《こうりょう》とした場所なの。美しくて、こごえるほど寒い、冬の妖精《ようせい》の国。

夜、テントにいると、森の静寂《せいじゃく》をやぶってザワザワ音がした。そうしたらまもなく、オオカミの頭がテントのなかにぬっとあらわれた。みっしり毛のはえた大きな前脚《まえあし》を自分の鼻先にのばしたら、毛の上で雪がとけ、まるでダイヤモンドをまとっているようだった。それからすぐに頭をひっこめて、行ってしまったけれど。

オオカミの群れは一〇日ものあいだ、距離《きょり》をおいてわたしのあとをついてきたのよ。でも、けっして近づいてこなかったし、わたしを傷つけもしなかった。オオカミはよく人間の世話をするという話を思いだしたわ。

かけがえのない人たちにも、行くさきざきで出会ったのよ。ロシアで男の人が斧《おの》をふりながらかけよってきたときには、「こわい!」と思ったけど、その人は親切にパンの包みをくれた。アレクセイという木こりで、わたしがおなかをすかせているにちがいないと思ったんですって。アラスカのホワイトマウンテンの子どもたちが、まだ千キロメートル以上もつづく荒野《こうや》をめざすわたしにくれたのは、手作りのきれいな旗。子どもたちの先生は、こう言ったの。「わたしたちは星にあなたの名前をつけました。夜空を見あげて、あなたのことを思いだせるように!」

ついにやりとげた——世界をぐるっと一周。ウェールズのテンビーにあるわが家の玄関《げんかん》の敷石《しきいし》には、ふたつの足あとを彫《ほ》ってあるのよ。最初の一歩と、最後の一歩。そしてそのあいだには、三万二〇〇〇キロメートルがあった。

すばらしい質問をありがとう。あなたに夢があるなら、どんな夢でもいいから、それにむかって走ってね。世界じゅうの幸運があなたのもとに集まりますように！

8　どうして音楽があるの？

ジャーヴィス・コッカー（ミュージシャン）

すごくいい質問だね。ぼくだって答えを知りたい（なんて、冗談《じょうだん》だけど！）。そう、この世から音楽がすっかりなくなったって、だれも死にやしない。空気や水とはちがう——音楽なしでも生きていける——でも、音楽が消えちゃったらどんなにつまらないか、考えてもみてよ。ディスコは店じまいだし、コンサートなんて、おおぜいの人が集まって、ステージに立ってる数人の人たちを、ただじっと見つめてるだけだ。しーんと静まりかえったままでね。椅子《いす》取りゲームは……そもそも、はじめることさえできないだろう？

さて、まじめに考えてみることにしよう。世界に人がいて音楽がない場所なんかどこにもないところをみると、きっとなにか意味があるはずだ。ほんとうのところ、人間は言葉を話せるようになるずっと前から、歌ったり演奏したりしていたと考えている学者もいる。

たぶん音楽は、人間どうしが気もちを伝えあう、いちばんはじめのかたちだったんだろう。今でもまだ、音楽があれば言葉なんかなくても気もちが伝わる。「楽しい」曲と「悲しい」曲を思いうかべてほしい。どっちも同じドレミファソラシドを使っているのに（半音をいれても一二しかないのは知ってる？）、感じはまったくちがう。「ああ、それは歌詞のせいだよ」って言うかもしれない。でも、そうじゃない。うそだと思ったら、言葉の意味がまったくわからない国のラジオを聴《き》いてみて。それでも楽しい曲と悲しい曲を区別できるはずだから。音の「ひびき」でわかる。どうやって？　それは知らないけど、とにかくわかる。魔法《まほう》のようなもので、音楽があるのはそのせいだと思う。

音楽は魔法で、好きなときにいつでも、歌ったり演奏したり聴いたりできる。好きな曲を聴いて、耳のうしろあたりから首のほうまでしびれるように感じたら（鳥肌《とりはだ》がたつことだってある）、最高だ。

ぼくは映画も本も芝居《しばい》も絵も好きだけど、音楽みたいな魔法の感じはほかにはない。魔法を使えるのは音楽だけ。

音楽がある理由は、それにちがいないよ。

9 エイリアンはいるの？

セス・ショスタク博士（天文学者）

わたしは、まだ子どもだったころ、数えきれないほどの星がきらめく夜空を見あげては考えていました。「空のむこうにだれかいないかなあ」と。

今ではいろいろな映画やテレビドラマに、エイリアン——聞いたこともない惑星《わくせい》からやってくる賢《かしこ》い生きもの——が登場します。なんだかエイリアンはどこにでもいるように思えてきますね。でも、映画やテレビで見るものがぜんぶほんとうとはかぎりません。では、科学者たちはどう言っているのでしょう。エイリアンはいるのでしょうか？

答えは、「まだわからない」です。

ほとんどの科学者は、ほんもののエイリアンが宇宙のどこかにいるかもしれないと考えています。宇宙はとてつもなく広いからです。わたしたちが暮らす地球は、天《あま》の川銀河《がわぎんが》と呼ばれている銀河のなかにあります。この銀河にはとてもたくさんの星が集まっていて、惑星の数はおよそ一兆個にもなると考えられています。そのうえ、望遠《ぼうえん》鏡《きょう》を使うと一〇〇〇億以上もの「ほかの」銀河が見えるのです。人が見ることのできる範囲《はんい》の宇宙だけで、地球上のすべての浜辺《はまべ》から砂をかき集めて、砂粒《すなつぶ》をひとつずつ数えるのと同じくらい惑星があるわけですね。

エイリアンが住めるような惑星がそれほどたくさんあるのなら、じっさいにいると信じてもよさそうに思えてきます。

では、どうすればエイリアンが見つかるのでしょう? 大きい目をした宇宙人が、べつの世界からはるばる地球までやってきて、円盤《えんばん》で空を飛びまわっていると言う人もいます。とてもおもしろい話ですが、それがほんとうだと考えている科学者はほとんどいません。なぜかって? 円盤を見たという報告に、信じられるようなものがないからです。空になにか光るものが見えたとしても、円盤とはかぎりません。たとえば飛行機や、風船や、軌道《きどう》をまわっている人工衛星《じんこうえいせい》のこともあります。科学者は、しっかりした証拠《しょうこ》をつかめないかぎり、えたいの知れない光が、ほかの惑星からやってきた宇宙船だと信じるわけにはいきません。

エイリアンを見つけるには、巨大《きょだい》なアンテナを使い、はるかかなたの世界から送られてくる電波《でんぱ》信号《しんごう》をとらえる方法もあります。べつの惑星から信号音が聞こえてくれば、そこにはだれかがいるとわかります。そういう電波信号をさがすのがわたしの仕事です。今のところ、エイリアンのあいさつが聞こえたことはいちどもありません。なにしろ、まださがしはじめたばかりですからね。二〇五〇年までには、信号をキャッチできるのではないかと思っています。

そのころには、「エイリアンはいるの？」という質問への答えがわかります。答えは、「はい、います」となるでしょう。

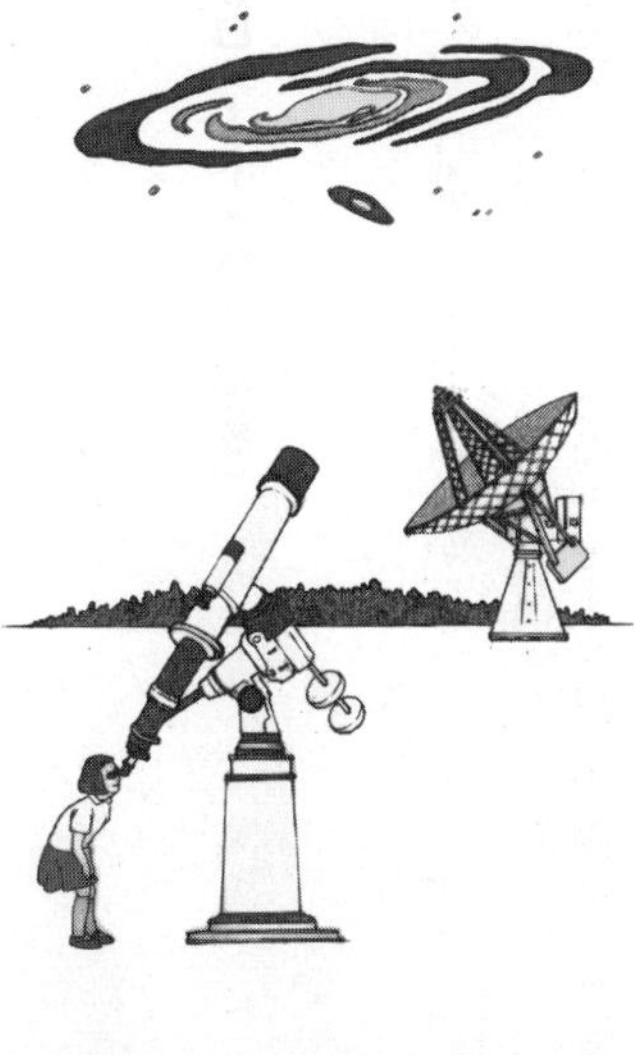

10　風はどこからくるの？

アントニー・ウッドワードとロバート・ペン（作家）

風というのは、空気の流れのことなんだ。空気があっちの場所からこっちの場所へと移動しているんだよ。

風を起こしているのは太陽だ。太陽はほかにもいろいろな働きをするね。太陽は、くる日もくる日も地球をあたためている。でも、場所によって日光が強くあたるところと、そうじゃないところがあるから、地球ぜんたいが同じようにあたたまるわけじゃない。日光がいちばん強くあたる場所は、地球のまんなかのふくらんでいるあたり。赤道地帯《せきどうちたい》だ。だから赤道の近くはどこも世界でいちばん暑い。ジャングル、砂漠《さばく》、熱帯の島。その反対に、日光がいちばん弱くしかあたらないのは、はしっこの北極と南極だ。だからいつも雪と氷におおわれていて、ペンギンかシロクマじゃないと、住み心地《ごこち》はよくないだろう。

さて、空気はあたたまると軽くなるので、上にむかって動く。空気のかたまりがもち上がっていくと、ここが大事なところなんだが、なにかがそのあとを埋《う》めなくてはならない。そこで、まだそれほどあたたまっていない重い空気が下に流れこんでくる。あたたかい空気が上にのぼって、冷たい空気があとを埋める。ほらね、こうやって空気が動くのが風なのさ！

空気がとってもはやく動くと、台風や大風になる（空気がどんどん上にのぼっていくから、からっぽの場所がいっぱいできて、そこにすごいいきおいで空気が流れこんでくる）。そよ風が吹《ふ》くのは、のぼっていく空気が少なくて、空気がゆっくり動いているときだね。

大気（地球をすっぽり包んでいる空気の層――ぼくたちはそのおかげで息ができる）は四六時中、あたたまったり、冷えたり、動いたり、まざりあったりしている。だから天気が変わる。

風のもとが太陽なら、どうして夜も風が吹くのかな？　それはもちろん、自分のいる場所が夜でも、地球ぜんぶが夜じゃないからだ。太陽はいつでも地球のどこかを照らし、あたため、空気を動かしている。

というわけだけど……きみのお父さんが出す風？　それならきみもよく知っている

よね。サツマイモを食べすぎているせいだ。

11 恐竜《きょうりゅう》は絶滅《ぜつめつ》して、ほかの動物は絶滅しなかったのはなぜ？

リチャード・フォーティ博士（古生物学者）

恐竜は大きなからだをしていたかもしれませんが、だからといって、なにがあっても死なないとはかぎりません。大きいと、かえって大変なこともあります。恐竜はあまりにも大きかったために、ただ生きるだけにも大量の食べものがいりました。ティラノサウルスのようにどうもうな恐竜ともなると、ほかの恐竜を食べなければ生きていけませんでした！　ごはんにしていた動物が絶滅すれば、自分たちもそうなる運命です。

さて、およそ六五〇〇万年前に巨大《きょだい》な隕石《いんせき》（とてつもなく大きな岩）が地球にぶつかって、大量の土砂《どしゃ》やちりが空高くまきあげられたので、太陽がまったく見えなくなってしまいました。日光がなければ植物は育ちません。光が地上まで届かなくなると、植物はしおれて枯《か》れ、木の実と種子《しゅし》だけが土に埋《う》もれて生きのこりました。

食べる植物がなくなって、地上に住んでいた大型の植物食《しょくぶつしょく》恐竜《きょうりゅう》は飢《う》え死《じ》にしました。しばらくは死んだ植物食恐竜をガツガツ食べていた大型の肉食恐竜《にくしょくきょうりゅう》も、やがて食べるものがなくなり、争いをしなかった植物食のなかまと同じように絶滅していきました。どんな姿だったかは、骨の化石から想像するしかありません。

　生きのびた動物たちもいました。小さい哺乳《ほにゅう》動物とヘビのなかまは、土のなかにいた甲虫《こうちゅう》などの生きものを食べて暮らせました。きびしい時代だったにちがいなくとも、なんとかこの災難を切りぬけることができたのです。そのころ海のなかでは、巨大な首長竜《くびながりゅう》は死にたえ、ほとんどなんでも食べることができるカニは元気でした。こんど海岸に遊びに行ったら、お弁当のなかのかたくて食べにくいものをちょっぴり落とすと、カニがよろこんで運んでいくのがわかります。カニは好ききらいしませんよ。さまざまな種類の二枚貝と巻貝《まきがい》も、わずかなものがあれば暮らせるので、生きのこりました。

　絶滅したのは、からだの大きい生きものだけではありません。巻貝のかたちをした化石がたくさん見つかっていて、アンモナイトと呼ばれていますが、やっぱり恐竜と同じ時代に死にたえました。アンモナイトは、クルクルまるまったヒツジの角のようなかたちをした殻《から》をもって、水中に住み、恐竜より一億年以上も前から地球のあちこちにいた動物です。

ここで、びっくりすることを教えましょう……恐竜は、ほんとうは絶滅しなかったのです！　恐竜はみんなからだが大きかったわけではなく、ネコくらいのものもいました。こうした小さい恐竜のなかに、羽毛をもつ種類がいて、その羽毛恐竜が、わたしたちが見ている鳥の祖先です。鳥はわずかな食べもので生きられ、まわりが住みにくくなると、空を飛んでもっと暮らしやすい場所を見つけることができます。今ではほとんどの科学者たちが、鳥は恐竜の子孫で、前脚《まえあし》が翼《つばさ》に変わったものだと考えるようになりました。このことがわかると、恐竜が絶滅したとはいえなくなりますね。からだの小さな恐竜は、飛んで逃《に》げたわけです。

12　草や木はどうやって小さい種《たね》から大きくなるの？

アリス・ファウラー（ガーデニングの専門家）

わたしは種が大好きです。ひと粒《つぶ》のドングリから樫《かし》の大木《たいぼく》が育ち、小さなケシの実から大輪《たいりん》の美しいケシの花が咲《さ》くのが、大好きです。

ただし、種がみんな小さいわけではありません。とても大きい種もあります。世界でいちばん大きい種は、オオミヤシというヤシのなかまのものです。長さは三五センチメートル、重さは二〇キログラムにもなります。たくさんの人がこれにすてきな名前をつけようと、「ラブナッツ」とか「海のココナッツ」などと呼んでいますが、じっさいには「ヒヒのおしり」という呼び名がピッタリです。見た目がそっくりですから！　その反対に、アフリカホウセンカの種のように、よく見えないくらい小さいものもあります。そんな種をまくのは、とてもむずかしいですね。風がひと吹《ふ》きすれば、みんな飛んでいってしまいます。

大きくても小さくても、種はみんな同じ作りになっています。なかにいる植物の赤ちゃんを、種皮《しゅひ》で包んで守っているのです。そして、鍵《かぎ》がぜんぶそろわないと扉《とびら》が開かない箱に似ています。鍵は、水、熱、光の三つ（熱と光はどちらも太陽のめぐみ）です。この三つがそろえば、種皮の扉が開き、なかで眠《ねむ》っていた赤ちゃん植物が目をさまして育ちはじめます。

種皮になぜ鍵がかかっているかというと、一年のうちのちょうどよい時期に芽が出るようにするためです。冬の寒い日にベッドから出るのが好きな人はいませんよね。ほとんどの種も同じです。活動をはじめるのにちょうどよい気温になるまで、土のなかでじっと待っているのです。

赤ちゃん植物が皮をやぶって外に出られるよう、かたい種皮をやわらかくするために水がいります。カラカラに乾《かわ》いた種のかたい皮と、生えたばかりのかぼそい新芽《しんめ》を思いだしてみればわかるでしょう？　種がじゅうぶんに水を含《ふく》んで皮がやわらかくなったとき、はじめて芽が外に出られるのです。ゴワゴワの乾いたタオルも、水につけるとすっかりやわらかくなるのに似ています。

どの種にも芽が出るのに必要なだけ栄養がはいっているので、はじめは日光がなくても平気です（だから土のなかでも芽が生えます）。でも土から顔を出したあとは、日光がエネルギーのもとになります。こうしてちょうどよい量の水と熱と栄養がそろえば、小さな種から草や木が大きく育つことができます。

13 サルはどうしてバナナが好きなの？

ダニエル・シモンズ（ロンドン動物園飼育員）

サルはじつにいろいろなものを食べる。くだもの、野菜、種《たね》、木の葉。昆虫《こんちゅう》だって食べちゃう。それでもバナナが好きなのは、甘《あま》くておいしいからだね。サルも人間と同じで、おいしいものを食べるのが楽しいんだ。バナナのような甘いおやつは、サルの大好物だ。

それに、サルはいつも、大いそぎで食べようとする。ほかのサルに食べものを横取りされたくないからだ（サルはとってもわんぱくで、しょっちゅう食べものを取りっこしてる）。やわらかくて、すぐかみつぶせるバナナなら、あっというまに食べられるよね？

サルによってバナナの食べかたもちがう。よくばりなサルは、皮ごとそっくり、丸のまま食べるし、皮をむいて、やわらかい中身だけを食べるサルもいる。しっかりした皮をむくのが得意ではないサルもいて、食べたいときは力いっぱいバナナを地面におしつけながら、ゴロゴロころがす。そうすると、先のところからいきおいよく中身が飛びだすというわけだ。頭がいいけど、なんだか、きたならしい食べかただな。

サルは木にのぼったり、走ったり、木から木へと飛びうつったりするのに、エネルギーをたくさん使う。バナナには砂糖に似た果糖《かとう》という栄養分がはいっているので、サルが忙《いそが》しく動きまわるために必要なエネルギーを、しっかり補給《ほきゅう》してくれるんだ。

14 人間の脳は地球上でいちばん強いの？

ダレン・ブラウン（イリュージョニスト）

そのとおり！　人間がすることや人間が引きおこすことは、いいことも悪いことも
みんなひっくるめて、最初にぼくらの脳が考えつくことからはじまる。脳があるから
考えや言葉が生まれ、考えや言葉があるから大発明や、戦争や、薬や……人間が思い
つくことがなんでもかたちになる。

脳のおかげで、ぼくらはまわりの世界を感じることができる。ひざをすりむいたり、
花を見たりしても、ほんとうはひざはなんにも感じていないし、目はなんにも見てい
ないんだよ。そこから頭にメッセージが送られて、脳がそのメッセージを理解すると
はじめて、ひざが痛いと感じるし、目の前に花があるのが見えるのさ！

人間の脳には、ほかの動物ができないことをできるようにする力もある。それは、
自分について考えることだ。自分の脳を使って自分の脳のことを考えられるなんて、

ちょっとへんだけど、すごく頭がいいよね。

おもしろいのは、脳はぼくらをだませることだ。きみが手品を見て、ありえないことがほんとうに起きたって思いこむときみたいに。ふだんの暮らしでも、脳はぼくらをよくだます。こわい映画を見れば、ちっとも危なくないのに、こわいと思うよね？見てもいないゆうれいを見たと思うこともあるよね？それに、意地悪な子にいやな思いをさせられて、「おれはバカだから、みんなにきらわれてる」とか「わたしって最低なんだ」なんて思えてくることはないかな？まったくそんなことないのにさ……脳が、ぼくらをだましているだけなんだよ！

そういうときは、頭のてっぺんをトントン軽くノックしながら「さあ、落ちついて」って、脳に言いきかせるところを思いうかべるといい。脳はぼくらを助けて守ろうとするんだけど、ときどき大げさにやりすぎることがあるんだ。とくに悪いことに対してはね。いつもそうなっちゃうようなら、いい考えがふたつある。ひとつは、大変だと思うことを、だれかに話す（そうすれば脳がうまく落ちついてくれるよ）。もうひとつは、絵とか音楽、計算パズルや手品、スポーツ、なんでもいいから夢中になれる大好きなことを見つける。そうすれば、脳といっしょになって楽しめるから。

15 地球温暖化《ちきゅうおんだんか》ってなに？

マギー・アデリン＝ポコック博士（宇宙科学者）

「地球温暖化」や「気候変動《きこうへんどう》」は、このごろよく耳にする言葉ですね。宇宙科学者のわたしは、どんな変化が起きているかをしらべるのに役立つ機械を、くふうして作っています。でも遠いむかしをふりかえってみれば、氷河期《ひょうがき》、干《かん》ばつ、酷暑《こくしょ》と、この地球の気候はいつも変化してきました。それならどうして、今はみんながこんなに心配しているのでしょうか？

今起きている気候変動のこまった点は、スピードがとてもはやいことなのです。これまでに見たこともないほどはやく変化しています。しかも、それを引きおこしているのは、火山の噴火《ふんか》や太陽の活動などの自然現象《しぜんげんしょう》ではありません。わたしたち人間がしていることのせいで、気候が急激に変化しているのです。人間が利用する技術がすすむにつれて、自動車、飛行機、コンピューターと、いろいろな機械を動かすのに、どんどん多くのエネルギーが必要になっています。わたしのむすめは二歳《さい》なのに、もうiPad《アイパッド》を使って動画を見ていますから、人間はずいぶん小さいころから機械を使いはじめるようになりました。

もっとたくさんのエネルギーを手にいれるために、自動車にはガソリンをいれ、発電所では石炭や天然ガスをもやします。こうして、わたしたちがますます多くの化石《かせき》燃料《ねんりょう》をもやしつづけると、ほしいエネルギーが手にはいるかわりに、二酸化炭素《にさんかたんそ》のような「温室効果《おんしつこうか》ガス」も生まれるのです。温室効果ガスは、地球の大気のなかにたまり、太陽の熱をとらえておく働きをするので、気候が変わり、地球ぜんたいの温度が上がります。べつにどうということもないように思えるかもしれないけれど、気温が上がると、洪水《こうずい》や日照りなど、世界じゅうの人々の暮らしに大打撃《だいだげき》をあたえる災害が起こります。

では、わたしたちひとりひとりに、なにかできることはあるでしょうか？　地球に住む人たちみんなに関係する大きな大きな問題ですが、わたしたちにも、よい方向に変えるためにできることがあります。

エネルギーを節約しましょう——気候変動が起きているのは、必要なエネルギーが増えているからです。そこで、ひとりひとりが使う量を減らせば役に立ちます。たとえば、使わないときには明かりを消す、暖房《だんぼう》の温度を下げる、節電型の電球を使うなど。

できるだけ再利用しましょう――段ボールやガラスやプラスチックなどの材料を作るには、エネルギーをいっぱい使います。今ある材料を再利用すれば、新しいものを作るのに必要なエネルギーを節約できます。

近くでできた食べものを食べましょう――外国から飛行機で運んできた食べものには、届くまでに多くのエネルギーが使われています。近くで作られたものを食べれば、運ぶエネルギーが少しですみます。とてもむずかしいことですよね。じつは、わたしはバナナが大好きなのです。でも自分の国ではバナナは育たないので、食べる数を減らすようにしています。

ほかの人に伝えましょう――これは世界じゅうの問題なので、力を貸す人が多いほど効果が上がります。みんなで力を合わせれば、変えることができるのです。

16 しゃっくりはどうして出るの?

ハリー・ヒル(コメディアン)

しゃっくりは、きみの胸《むね》とおなかのあいだにある筋肉《きんにく》が、ピクッとひきつって起きるんだよ。その筋肉っていうのは、薄《うす》っぺらくて、トランポリンみたいなやつさ。それが肺《はい》の一番下のところにくっついているものだから、ひきつると、ちょっとだけ息を吸わずにはいられない。それで「ヒック」という音がしてしまう。筋肉の名前は、横隔膜《おうかくまく》だ。

なにかをあわてて食べたあととか、冷たいものや炭酸《たんさん》を飲んだあとに、しゃっくりが出ることが多いよね。はいってきた食べものや飲みものにおなかがおどろいて、横隔膜がビクッとするからだよ(だれかが急にワッと言ったら、きみがおどろいてビクッとなるみたいに)。そのとき、空気が肺にいきおいよく流れこんで、のどにある「声帯《せいたい》」をいっきに通りすぎるから、「ヒック!」という音になる。

それからしばらくは、いくら止めようと思っても、横隔膜がかってにひきつっちゃうんだよね。でもありがたいことに、一、二分もすれば、だいたいは横隔膜も落ちついてくれる。ただし、アメリカに運の悪い男の人がいて、一回しゃっくりが出はじめたら、六八年間も止まらなかったんだって！

たいていのお医者さんは、こんなふうにしゃっくりのことを教えてくれるだろう。でもぼくは、もうひとつの説明のほうが好きだな……。

きみがなにかを食べると、食べものは、おなかのなかでこなごなに砕《くだ》かれて死んでしまい、ゆうれいになる。おなかにとじこめられたゆうれいたちは、なんで外に出られないんだって、泣いたり文句を言ったりしてる。だからときどき、おなかからゴロゴロ言う声が聞こえてくるんだ。

ゆうれいだって、生きるためになにかを食べなくちゃならないから、はいってくるものを食べる（おなかのゆうれいは、ほんとに食いしんぼうだ）。きみがミートパイやフライドポテトを食べれば、ゆうれいにも大のごちそうだね。ゆうれいが食べると、食べられたものは死んで、それがまたゆうれいになり、それがまた食べて、死んで、またゆうれいが生まれ、おなかはもう機嫌《きげん》の悪いゆうれいではちきれそうになる。みんなおしあいへしあいしながら、なんとかしなくちゃたいへんだと思ってる。

こうやってできたおばけ集団は、やがて、みんなで力を合わせればすごいことができるって気がつくんだ。だからリーダーをえらび、「ゆうれい団」を結成する。「胃《い》のスーパーゴースト」の誕生だ。このスーパーゴーストがもっと大きくなってくると、つぎつぎにベビーゴーストを送りだし、それが「しゃっくり」になって口から外に飛びだす。そしてそのスーパーゴーストも大きくなりすぎ――ついに破裂《はれつ》する――それが「ゲップ」！　さあ、またはじめからやりなおしだ。

これがぼくの聞いた話さ。きみはどっちがほんとうだと思う？

17　宇宙はなぜあんなにキラキラしているの？

マーティン・リース（天文学者、英国王室天文官）

わたしたち人間の祖先は、ほらあなに住んでいたころから夜空を見あげては、今は星と呼ばれているキラキラ光る明るい点について、あれこれ考えをめぐらせていました。

むかしの人たちは、空は巨大《きょだい》な丸天井《まるてんじょう》のようなもので、それが頭の上をおおい、星はその天井にくっついていると思っていました。大きなクリスマスツリーにかざってある電球みたいなものですね。今では、宇宙ははてしなく広く、むかしの人たちが考えていたよりずうっと大きいことがわかっています。星（恒星《こうせい》）はどれも「太陽」です。わたしたちの太陽と同じように大きくて、明るく輝《かがや》いています。でも、とても遠くにあるのであんなに小さく、ぼんやりしているように見えるのです。いちばん近くにある星でさえはるか遠くにあって、世界でいちばんはやい宇宙ロケットでも、たどりつくのに何十万年もかかります。

天文学者はもう何世紀も前から、地球と、そのほかのおもな惑星《わくせい》――水星、金星、火星、木星、土星、天王星、海王星――は、太陽のまわりをぐるぐるまわっていることを知っていました。それならほかの星にも、わたしたちの太陽と同じように、まわりをまわっている惑星があるのでしょうか？　一九九〇年代になるまで、その答えはだれにもわかりませんでした。でもようやく、夜の空に見える星のほとんどに、まわりをまわる惑星があることがわかってきました。なかには、わたしたちの太陽系でいちばん大きい、木星と同じくらいの大きさをした惑星もあります。そのほかのものは地球くらいの大きさです。

そういう惑星は、地球からではなかなか見えません。とくに地球と同じかもっと小さい惑星となると、見るのがずっとむずかしくなります。中心で輝いている恒星の何百万分の一の、かすかな光しか発していないからです。強力なサーチライトのそばを飛んでいるホタルを見つけるようなものです。でもやがては鮮明《せんめい》な写真を撮《と》れる望遠《ぼうえん》鏡《きょう》ができて、そんな小さい惑星でも見えるときがくるでしょう。

わたしたちの太陽系にある惑星については、もう学校で勉強しましたか？　ぜんぶは見たことがなくても、金星と木星なら、見たことがあるかもしれませんね。でもあなたの子どもたちは、夜空をもっとずっと楽しめるようになるでしょう。それぞれの星について、まわりにいくつ惑星があって、惑星はどのくらいの大きさで、一周するのに何年かかるかなど、いろいろなことを習うようになるからです。

そうすると、いちばんドキドキする疑問が浮かんできます。惑星のどれかに、生きものはいるのでしょうか？　もしいるなら、バイ菌《きん》みたいなものか、昆虫《こんちゅう》のようなものか。それともどこか遠くに、頭のいいエイリアンが住んでいるのか。惑星のどれかひとつが地球にそっくりで、わたしたちのような人間が住んでいて、中心にある星を「太陽」と考えているのか。それとも、わたしたちとはまるでちがう生きものなのか。七本足かもしれないし、発明者である生きもののあとを引きついでその星を支配しているコンピューターやロボット、なんていうことも考えられます。もしかしたらこの本を読んでいるだれかが、宇宙にいる生きものは地球人だけなのか、それともどこかの星に生命があるのか、わかるように手助けしてくれるかもしれませんね。

ひとつだけたしかなことがあります。あなたは宇宙について、そして宇宙のなかのわたしたちの居場所について、現在の天文学者のだれよりもたくさんのことを知るようになるでしょう。

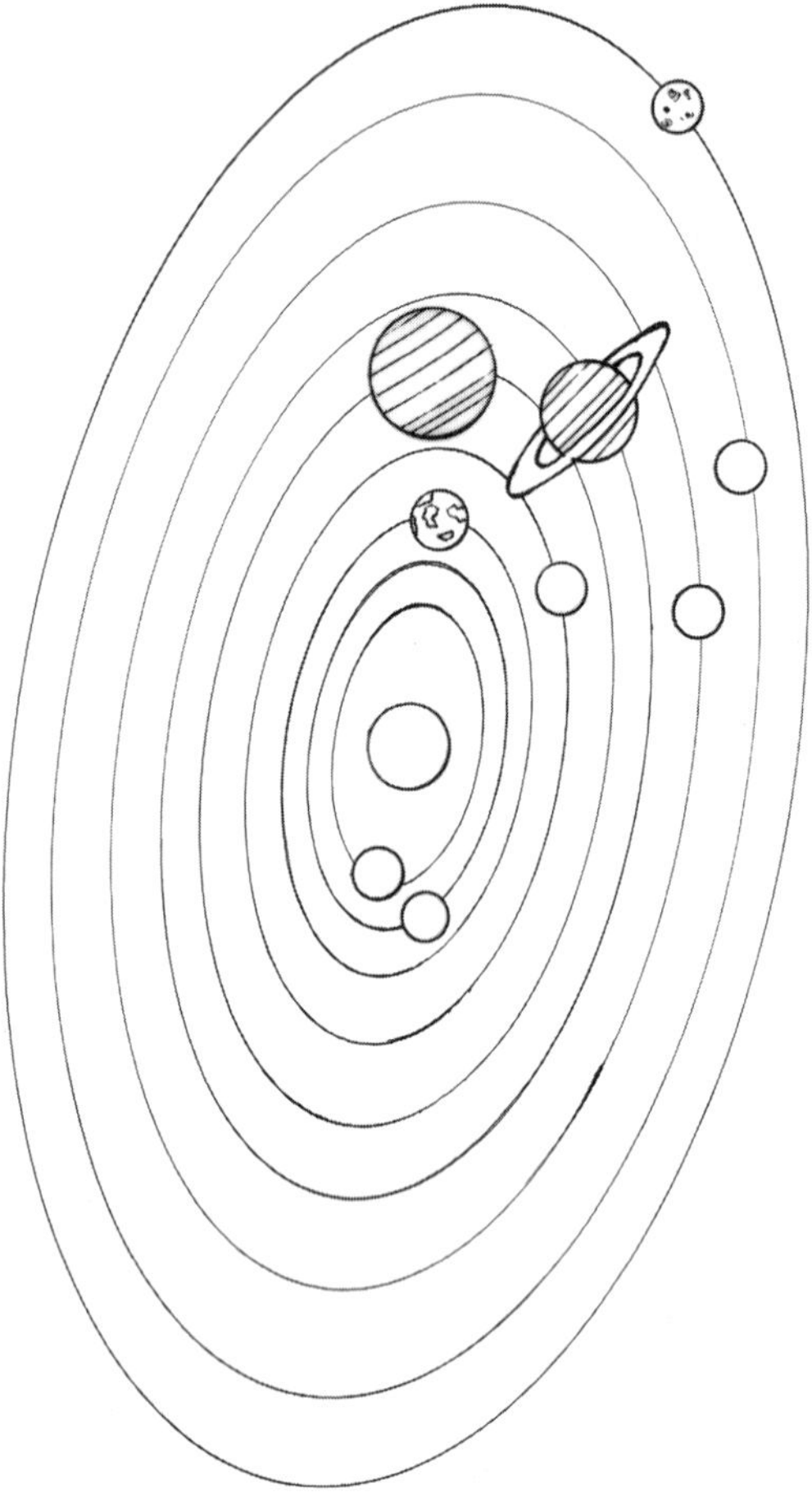

18 動物はどうしてわたしたちみたいに話ができないの？

ノーム・チョムスキー（言語学者、哲学者《てつがくしゃ》）

どんな動物も、同じ種類のなかまと、なにかしらの方法を使って話をすることができます。チンパンジーはチンパンジーと話し、ミツバチはミツバチと話します。でも、人間のような言葉を使って話しているわけではありませんよ。呼びかけたり、はねをふるわせたり、動物にできるいろいろな方法を使います。ほかの動物は人間の言葉を使うことはできないし、わたしたち人間だってふつう、動物たちのやりかたを使うことはできません――なかには鳥のさえずりをまねるのがとてもじょうずで、鳥がだまされ、なかまの鳥の声かと思ってしまうような人もいますけれどね。

ミツバチは、花がどのくらい遠くの、どの方向にあって、どんな種類かを、なかまに伝えることができます。それには、ややこしいダンスを踊《おど》るのですが、わたしたちにはとうていまねできないものです。そもそも、そうした情報をミツバチほど正確に伝えるのは、人間にはむずかしいでしょう。サルは、危険な動物が近づいてくると思ったとき、おなかがすいたとき、そのほかに言いたいことがあるとき、それぞれちがう鳴きかたをします。ほかの動物たちも同じような方法を使います。

人間の言葉は、いろいろな点で変わっていて、動物界にこれに似たものはありません。ほかの動物は、みんながなかまに伝えられることの一覧表のようなものをもっているだけです。新しいものを作ることはできません。でも人間はいつも、新しい、それまで聞いたおぼえがないことを、言葉にすることができます。それは人類が誕生して以来、だれも口にしたことのない言葉かもしれません。しかもそれを、よく考えもせずに、四六時中やっているのです。

人間とほかの動物は、少しだけなら会話できます。自分の家にイヌがいるなら、「すわれ！」と命令してすわらせるなど、何度もくりかえしているうちに言うことをきくよう訓練できます。ネコは、飼い主になにかをしてほしいときにニャーと鳴くことをおぼえます。それでも人間の言葉の意味をほんとうにわかっているわけではないし、新しいことは理解できません。人間の子どもなら、新しいこともすぐわかるようになります。

鳥には、ほかの鳥の鳴き声をうまくまねるものがいて、人間の言葉までまねできる鳥もいます。オウムを訓練すれば、とてもじょうずに人間の口まねをします。言葉をしゃべっているようにも聞こえるのですが、実際には、人間と同じように言葉を使っているわけではありません。それにほかの動物たちと同じで、新しい言葉を作ることはできません。

類人猿《るいじんえん》を研究している科学者のなかには、類人猿にも人間の言葉を少しなら教えられると考えている人たちもいます。でもほかの科学者たちは、それは思いちがいで、類人猿が使うのは人間の言葉とはべつのものだと考えています。わたしもそう思います。どっちに賛成かを考えてみるのは、とてもおもしろいと思いませんか？　くわしい本を読んで勉強してみたい人もいるでしょう。それにみなさんが大きくなって、このことについてなにか新しいことを発見できるかもしれません。人間の言葉や動物については、まだわかっていないことが山ほどあるのです。

19　自動車はどうやって動くの？

デヴィッド・ルーニー（ロンドン科学博物館の輸送機関学芸員）

自動車が動くのは、車輪がエンジンの力でクルクルまわるからです。車輪がまわると、そこについているゴムのタイヤが道の表面をしっかりとらえて、自動車をすすめるのです。では、車輪はどうやってまわるのでしょうか？

そう、まずガソリンスタンドに行って、自動車に燃料《ねんりょう》をいれなければなりません。ガソリン、ディーゼル油など、自動車の食べものみたいなものです。ホースから出てくるので、自動車の横についている穴のなかにそそぎます。穴のおくには燃料タンクがあります。きみもガソリンをいれるところを見たことがあるでしょう？　あまりいいにおいではありません。

燃料がはいったら、エンジンをかけると、燃料が自動車のエンジンに吸いこまれます。エンジンは車の前についている、うるさくて複雑な機械です。それは一回に少しずつ燃料をもやして、小さい爆発《ばくはつ》を起こします。その爆発の力が、エンジンのなかをとおっているシャフトを回転させます（シャフトというのは、金属でできている長い棒です）。

自動車のしくみのすごいところは、エンジンのなかでとてもはやく回転しているシャフトを、いちばん下にある車輪とつないで、自動車ぜんたいを動かせることです。これはいりくんだしくみです。なぜって、エンジンはたいていいつも、とてもはやく回転していますが、自動車はときによってゆっくり走らせたりはやく走らせたりしたいですからね。そこでエンジンと車輪のあいだには、ギアボックスという、またべつの機械があって、その問題を解決してくれます。

いい調子です。これで自動車は動きはじめました。でも、まだスタートしたばかりです。行きたい場所に着くには、左にまがったり右にまがったりしなくてはなりません。それにはハンドルをまわします。ハンドルをまわすと、自動車の前にある車輪が左や右をむいて、そっちの方向にすすむことができます。

さあ、こうして自動車は順調にすすむようになりましたが、こんどはスピードをゆるめたり、止まったりもできなければこまります。その役目をはたすのはブレーキです。自転車に乗る人は、ハンドルにあるレバーをぎゅっとにぎると、自転車のスピードをおそくできるのを知っていますね？　ブレーキをかけると、ゴムが車輪に押《お》しつけられたり、車輪のまんなかについた金属の円板がしめつけられたりして、車輪の回転をおさえます。自動車でもこれとほとんど同じです。

でも、こんど自動車に乗ったら、運転する人が使わなければいけないスイッチ、レバー、ノブ、ボタンを見てみてください。自動車を動かして、方向を変え、止めるだけではありません。ヒーターやエアコン、ライトにロック、ステレオからフロントガラスの掃除《そうじ》まで、自動車をきちんと運転するためのいろいろな装置が山ほどそろっています。

考えてみると、こんなにこみいったしかけの自動車が、うまく動くだけでもおどろきですね。

20 自分で自分をくすぐれないのはなぜ？

デヴィッド・イーグルマン（脳神経学者）

ほんとにふしぎだね。自分のどこをくすぐってみても、足のうらとか、わきの下でも、ちっともくすぐったくならないもの。

どうしてかわかるには、自分の脳がどんな働きをするかを、もっとよく知っておく必要がある。脳の大事な仕事のひとつは、次になにが起きるか、うまく見当《けんとう》をつけることなんだよ。階段をおりたり、朝ごはんを食べたりして、毎日を忙《いそが》しくすごしているあいだ、きみの脳のある部分は、いつも先のことを予測しようとしているんだ。

自転車に乗る練習をはじめたときのことを思いだしてみよう。最初は、ハンドルをしっかりにぎって、ペダルをこいでと、いちいち真剣《しんけん》に考えて力がはいっちゃうよね？　でもしばらくすると、自転車に乗るのはずっとかんたんになる。前にすすむためにからだをどう動かすかなんて、まったく気にしなくなる。経験をもとにして、脳が先のことを正確に判断しているから、からだは自然に自転車に乗れるようになる。きみの脳が、次に必要な動きをぜんぶ予測しているからだ。

自転車をこぐことに注意をはらうのは、なにかが変わったときだけだ——急に強い風が吹《ふ》くとか、パンクするとか。そんな思いがけないことがあると、脳は次に起きると思っていた予測を変えなくちゃならない。それがうまくいけば、強い風にあわせてからだをかたむけたりして、ころばずにすむ。

脳にとって、次に起きることを予測するのはどうしてそんなにたいせつなんだろうか？　それは、まちがった行動をへらすためだ。まちがった行動をすれば、いのちにかかわることだってあるからね。

たとえば、消防隊長は火事の現場に着くとすぐ、隊員をどう配置するのがいちばんいいかを見きわめる。それまでの経験から、次になにが起きるかを予測し、火を消すのに最良の計画をえらぶんだよ。隊長の脳は、どんな計画ならうまくいくかを一瞬《いっしゅん》で予測でき、まずい計画や危険な計画はえらばないようにするから、隊員を危ない目にあわせなくてすむんだ。

それじゃあ、今まで言ってきたことが、自分をくすぐれないっていうきみの質問の答えになるのはどうしてかな？

きみの脳はいつでも自分の行動を予測していて、その行動でからだがどう感じるかも前もってわかっている。だから自分でくすぐってみても、くすぐったく思わないいんだよ。ほかの人がきみをくすぐれるのは、きみをおどろかすことができるからだね。ほかの人がどんなふうにくすぐるかは、前もって予測できないだろう?

こんなふうにわかってくると、おもしろいことがある。もし自分で羽を動かせる機械を作れば、ただし羽は機械をさわってから一秒おくれて動くようにしておけば、自分で自分をくすぐれるよ。自分の行動で、自分をおどろかすことができるんだ!

21 世界ではじめてペットを飼ったのはだれ？

セリア・ハッドン（作家、ペット相談回答者）

はじめてペットを飼った人の名前はわかっていません。でも、世界ではじめてのペットはイヌだったようです。イヌは何千年も前に、人間といっしょに暮らすようになりました――四万年も前からだと思っている人もいるくらいです。そのころはまだ野《の》良《ら》イヌのようなもので、食べものになる動物や木の実などを求めて移動する人間の集団に、ついてまわっていたのではないでしょうか。そのなかの何匹《びき》かはペットのようにあつかわれ、狩《か》りを手伝う相棒《あいぼう》になっていたのかもしれません。

ペットだとわかる、いちばん古い時代のイヌは、今はイスラエルになっている地方の一万年から一万二〇〇〇年も前に作られた人間のお墓で見つかった子イヌです。そのお墓に埋葬《まいそう》されている女の人は、片方の手を子イヌのからだの上にのせ、まるでなでていたように見えます。たぶん天国や来世《らいせ》でも、友だちとしてそばにいてほしかったのでしょう。

　古代エジプト人も、イヌをペットとして飼っていました。エジプトの墓にはイヌの絵が描《えが》かれていて、ちゃんとイヌの名前を書きこんだものもあります。黒い、大きい、などの意味のある名前をつけていたようです。古代ローマの人々もイヌを飼っていて、小さいペットには真珠《しんじゅ》、人形、チビ、がんこもの、といった意味の名前をつけていました。

　ネコは、人類が農業をはじめた新石器時代《しんせっきじだい》に、人の近くで暮らすようになりました。ペットとして飼われはじめたころのネコとしては、九〇〇〇年ほど前、今はキプロスと呼ばれている島の小さなお墓に埋《う》められたものがいます。ネコのお墓から四〇センチメートルくらいはなれた場所に、人間のお墓があります。その人が飼っていたネコにちがいありません。

　古代エジプト人はネコもペットにしていて、最初のころにネコ好きだった人の名前もわかっています。バケト三世という、今から四〇〇〇年ほど前に生きていた人で、その人のお墓にはネコとネズミが顔を見あわせている絵が刻《きざ》まれています。とても小さいネコか、とても大きいネズミのどちらかということになりますね。両方とも同じくらいの大きさに描かれているのですから。

古代ギリシャとローマの人たちも、ネコの彫刻《ちょうこく》、絵、モザイクを残しています。ざんねんながら名前は書かれていません。古代エジプトのネコの彫刻にも名前はなくて、今となっては、どんなふうに呼ばれていたかは謎《なぞ》のままです。

22 惑星《わくせい》はなぜ丸いの？

クリストファー・ライリー教授（サイエンスライター、コメンテーター）

地球が丸いと人間がはじめて知ったのは、一五二二年のことだ。その年、三年前にポルトガル人の探検家フェルディナンド・マゼランが率いて出発した艦隊《かんたい》が、帆船《はんせん》で海のふちから落ちずに、地球をぐるっと一周して戻《もど》ってきたからだよ。そのあとには、もちろん宇宙からも、地球は丸いことがたしかめられた。はじめは人工衛星《じんこうえいせい》から、次に人がじかに見て。

はじめて宇宙船で地球をひとまわりまわった人はユーリ・ガガーリンだった。一九六一年のことで、かかった時間はきっかり一〇八分。それからの一〇年間に二四人の宇宙飛行士が月まで飛んでいって、三八万キロメートル以上もはなれた場所から、丸くて青い故郷の惑星を、その目でたしかめた。地球も、月も、人間が無人探査機《むじんたんさき》を使ってしらべた太陽系にあるどの惑星も、みんな丸い——つまり、ボールみたいな球《きゅう》のかたちをしている。

惑星が丸い理由を知りたければ、時間を逆戻りする必要がある。地球や太陽ができる前の大むかしまでだ。まず宇宙空間の、ガスやちりの巨大《きょだい》な雲の上をただよってみることにしよう。その雲はほんとうに大きい。あんまり大きいから、いちばんはしまで見えないくらいだ。雲はほとんどが水素《すいそ》とヘリウムのガスでできていて、ほかの元《げん》素《そ》や化合物《かごうぶつ》がわずかにまじっている。

時間を少し先にすすめると、ものすごい衝撃波《しょうげきは》がいっきに雲に押《お》しよせてきたのが見える。衝撃波は近くの星から伝わってきたもので、その星はちょっと前に一生を終えて大爆発《だいばくはつ》を起こしたところだ。その波は雲をとおりぬけながら、ちりとガスを押しつけ、かきまわし、あちこちにうず巻きを作っていく。

新しくできたグルグルうず巻くガスとちりのかたまりでは、まわりよりすこしだけ密度《みつど》が高くなり、まわりの物質《ぶっしつ》をもっと引きよせはじめる。こうして引きよせる力を重力《じゅうりょく》と呼ぶ。うず巻くかたまりが大きくなればなるほど、その重力も大きくなる。うずはあっというまに大きくなり、いくつかはぶつかっていっしょになって、もっと大きいうず巻きができる。それにあわせて大きくなっていく重力は、まわりのあらゆる方向から同じだけの力で中心にむかってものを引きよせるので、こうやってできる赤ちゃん惑星はすぐ球のかたちになる。

さて、惑星に住んでいるきみは、惑星が完全な球ではないことに気づいているだろう。地球には山や谷があって表面はデコボコだもの。でも、宇宙までつきだしているほど高い山はひとつもないことだって知っているね。重力がどこでも同じだけの力で中心にむかって引っぱっているから、山が高くなりすぎるようなら熱くてねばりけのある地球の内側にしずんでいって、ぜんたいが球に近いかたちに保たれているわけだ。

それでもまだ、完全とはいかない。新しい技術で地球の大きさを測ってみたところ、正確な球ではないことがわかった。惑星が自転《じてん》すると、そのいきおいで赤道《せきどう》の部分が重力に反して外につきだすから、ちょっとだけつぶれたようなかたちになるんだよ。地球の場合、赤道の方向の直径のほうが、南極から北極の方向の直径より四〇キロメートルほど長くなっている。

23　ハチはハチを刺《さ》せる?
ジョージ・マクギャヴィン博士（昆虫学者《こんちゅうがくしゃ》）

ハチは、ハチを刺すことができます。花に集まるハナバチだけでも、世界にはおよそ二万もの種《しゅ》がいます。でも、ここではミツバチとマルハナバチの暮らしだけを見てみることにしましょう。針のない一部の種は別として、メスのハナバチはふつう、自分たちのすみかであるコロニーを敵からまもるために針をもっています。ハチミツを盗《ぬす》んだり、ときによってはハチを食べたりする敵がいるからです。オスのハナバチには針がなくて、オスはコロニーのなかの数匹《ひき》だけが女王バチと交尾《こうび》するほかは、なんの仕事もしません。

ミツバチは、べつのコロニーからやってきた働きバチが巣にはいってこようとすると攻撃《こうげき》します。ただし女王バチが刺して殺すのは、ライバルの女王バチだけです。新しく生まれた女王バチは、自分がそのコロニーで一匹だけの女王になるために、べつの小部屋でこれから生まれてこようとしている女王バチをさがしだしては、針で刺して殺してしまうのです。

マルハナバチも、べつのコロニーからやってきた働きバチを攻撃します。針で刺して殺してしまうこともありますが、ふつうはかみついて追いだすだけです。ときには巣にはいってきたハチがどこかにうまく隠《かく》れ、そのコロニーの新しいなかまに加わることもあります。

マルハナバチは、なかまどうしが巣のなかでけんかをはじめ、おたがいを針で刺すこともあります。理由はややこしいのですが、いちばんの目的はコロニーで生まれるオスの数を減らすことです。ではなぜ、オスの数を減らさなくてはいけないのでしょうか？　それは、女王バチではなく働きバチが産卵《さんらん》すると、その卵はすべて無精卵《むせいらん》で、オスが生まれてくるのですが、コロニーがほんとうに必要としているのは働きバチになるメスだからです。

ミツバチの一部の種の働きバチは、オオスズメバチのようなからだの大きい敵を殺せる、とくべつな技《わざ》をもっています。スズメバチのまわりに何百匹ものミツバチがぎっしり集まって、ボールのかたちを作り、そこでいっせいにはねを動かす筋肉《きんにく》をふるわせるのです。そうするとボールのなかの温度がどんどん上がり、二酸化炭素《にさんかたんそ》もどんどん濃《こ》くなって、スズメバチは死んでしまいます。

24 どうして食べものを料理するの？

ヘストン・ブルメンタール（シェフ）

もちろん、料理をしなくても食べられるものはある。人間は火を見つけるまで、たぶん一五〇万年から二〇〇万年くらい前までは、野生動物と同じようにイチゴやブドウや木の実などの料理がいらないものを食べていたんだ。生《なま》の肉や魚も食べただろうけど、うまくかみきれないし、あまり味もしなくて、おいしくなかったと思うよ。

おかしなことに、火を使えるようになってからもずいぶん長いあいだ——何千年も——火で料理ができると気づいた人はいなかったらしい。火をおこすいちばんの理由は、野生の動物を近づけないためだったからね。あるとき、だれかが生の肉か魚をちょっぴり火のなかに落としたにちがいないと考えられている。しばらくして、いいにおいがしてきたのに気づき、思わず食べてみたら、熱のせいでとってもおいしくなっていたんだろうね。こうして料理をすることをおぼえると、やがてみんなのあいだにひろまっていった。なぜかというと、料理には、とてもたいせつな三つの効果があるからだ。

第一に、生のままではかたくて食べにくい、いろいろな食べものが、料理をするとやわらかくなって食べやすくなる。じゃがいもを考えればわかるね。コチコチのじゃがいもから、フワフワのマッシュポテトができあがる。

第二に、料理をすると安心して食べられるようになる。食べものには、人の口にはいると病気を引きおこす微生物《びせいぶつ》がついていることがある。でもそのほとんどは、高い熱のなかでは生きていけない。料理をすれば微生物を殺すことができるから、口にいれても病気にならない。

第三に――ぼくのようなシェフにとっては一番すばらしい効果なんだけど――料理をすれば食べものの見た目も、香りも、味もすてきに変わる。熱には、もののさわり心地《ごこち》を変える働きがあるんだ。薪《まき》や石炭を火にくべると灰になるし、ろうそくをもやすとだんだんとけていくようにね。ただし、熱は食べものの舌ざわりをよくするだけでなく、材料をこまかくて味のよい粒《つぶ》に分解《ぶんかい》する。こまかくなった材料がまざりあうと、またべつの味が生まれる。ピンクで湿《しめ》った感じのソーセージは、茶色っぽくてプリプリの、なんともいえないおいしさに変身する。白くてねっとりしたパン生地《きじ》のかたまりは、外はパリパリ、なかはふんわりの香《こう》ばしい食パンに焼きあがり、そのパンをまた料理すれば、朝ごはんにおいしいカリカリのトーストができる。

ぼくは子どものころから料理をしているけれど、今でもまだ、魔法《まほう》のように思えるんだ。じっと目をこらしてなにが起きるか見ていると、ワクワクする。できたものを食べるときは、もっともっとワクワクする。

25 スポーツで負けてばかりのとき、どうすればやる気がでる?
ケリー・ホームズ（陸上競技選手、オリンピック金メダリスト）

まず、なにかに負けない人なんていないことを知っておいてね。スポーツの試合で負けたっていいの。陸上競技の選手だったわたしだって、もちろんいつも勝っていたわけじゃない。小学生のころにも勝てなかったことは何度もある。でも試合に出るのが大好きだったから、次にはもっとはやく走ろうと思って、いつももっといっしょうけんめいに練習したわ。

わたしがはじめて大きい大会で走ったのは一二歳《さい》のときで、結果は二着だった。がっかりしたけれど、だからこそよけいに、次にはもっとがんばると心に誓《ちか》った。どうしても一着になりたかったもの。がっかりしても大丈夫《だいじょうぶ》。もっと強くなりたいと思うきっかけになるから。

勝てないことが失敗とはかぎらないことを、おぼえておいてほしい。勝つことよりも、目標をきめることのほうが、ずうっと大事よ。わたしはレースやトレーニングの前に、いつもコーチと話しあい、目標をきめて紙に書くようにしていた。目標タイムのこともあったし、どんなレースにするかのこともあった。結果が何着だろうと、まったく関係ない。コーチといっしょに立てた目標を達成できれば、じゅうぶんだった。

自分の目標だけを見つめ、達成すれば、そのたびに上達していける。

もうひとつたいせつなのは、かんたんに勝てそうだとわかっている試合をする前の心がまえね。しっかり気を引きしめ、きちんと力を試《ため》さなければいけない。もっときびしい次の試合で、今の自分よりも強くなっているために。

ちょっと練習したくらいでは、勝てるはずがない。力いっぱい練習し、自分がやりたくないと思う練習も、きちんとしなくてはね。たとえばわたしが走っていたころには、あきあきするような反復練習を、いやというほどやらなければならなかった。でもわたしには、もっとはやく走るにはそれが役に立つとわかっていた。負けるというのは、トレーニングや試合に全力をつくさず、いいかげんにすませてしまうことをいうのだと思う。そんなことをすれば、気分が落ちこむだけだもの。

そしていちばん大事なのは、スポーツをして楽しいという気もちを忘れないことね。なにしろ、スポーツは、楽しむためにするものだから！

26　なぜ戦争が起きるの?

アレックス・クロフォード（戦場記者）

戦争が起きるのは、みんながじゅうぶんに話しあわないからね。

わたしはアフガニスタンの兵士に話を聞いたことがあるけれど、兵士たちは欧米人《おうべいじん》を毛ぎらいしているの。欧米というのは、ヨーロッパやアメリカがある世界の地域のことで、わたしもそこで暮らしているひとり。そしてアフガニスタンでは長いあいだ、イギリスとアメリカの兵士がタリバーン兵士と戦ってきた。タリバーン兵士はわたしを見ると、いつもとてもびっくりするわ。ほとんどの兵士にとって、欧米人を目にするのは、ましてや欧米人の女性に会うなんて、はじめてだからよ。

でもわたしたちが自分の家族や子どものこと、欧米のたくさんの人たちがタリバーンや戦争についてどう思っているかを話しはじめると、兵士たちのわたしへの態度はがらりと変わる。おたがいにたいしたちがいがなくて、たぶん同じことをのぞんでいると気づくのね。どちらも平和をのぞんでいる。

戦争はたいてい、わたしたちの代わりにものごとをきめている政府が、こわがる気もちからはじまる。たとえば、なかよしの友だちが学校を休み、あなたひとりで校庭にいるとき、ほかのグループの子たちにかこまれて悪口を言われる気もちに似ていると思う。言いかえしたくなることもあるにちがいないわ。でもそうやってけんかがはじまってしまったら、まっさきにけんかをやめて、自分が悪かったとあやまるなんて、なかなかできないでしょう？　国と国のあいだでもまったく同じことが起きているのよ。

27 どうしてトイレに行くの？

アダム・ハート＝デイヴィス（作家）

そうだね、ぼくは行きたいときに行くよ。どうしても行きたくなることもあるし。きみはおしっこをしなくちゃいけないし、うんちもしなくちゃいけない。でも理由は少しちがう。おしっこをしたくなるのは、膀胱《ぼうこう》がいっぱいになったときだ。膀胱というのは、やわらかい皮の袋《ふくろ》みたいなもので、おなかの下のほうにある。おしっこ（尿《にょう》ともいう）は膀胱に集まり、少しずつたまっていく。風船に息を吹《ふ》きこむと、だんだんふくらむのに似ている。

袋がほとんどいっぱいになってくると、きみの脳に警戒信号《けいかいしんごう》が送られて、トイレに行きたくなるしくみだ。膀胱のいちばん下のところは、括約筋《かつやくきん》という、のびちぢみする輪で閉じられている。風船の吹きこみ口を、輪ゴムできっちりしばるのと同じだと思えばいい。きみはトイレに行って、ちぢんでいる輪をゆるめ、膀胱の口を開くことができる。だからおしっこをからだの外に出すことができる。

さて、きみはからだの筋肉《きんにく》を作ったり修理したりするために、毎日たんぱく質を食べる必要がある。たんぱく質は、卵、牛乳、魚、肉、チーズ、豆などにはいっている栄養分だ。からだはこういう食べものにあるたんぱく質を分解して、からだのたんぱく質を増やしていく。ちょうどレゴを使って、もっと大きいものを組みたてるみたいにね。たんぱく質には窒素《ちっそ》という元素《げんそ》がはいっていて、きみの筋肉はその窒素を必要としている。

問題なのは、じゅうぶんな量の窒素をとるには余分に食べなければならず、余った窒素はからだにとってちょっとした毒になること、そしてそれを外に捨《す》てなければならないことだ。からだは窒素を捨てるために、肝臓《かんぞう》に送って、尿素《にょうそ》という化学物質《かがくぶっしつ》に変える。きみが水をたくさん飲めば、尿素は血液《けつえき》の流れに乗って腎臓《じんぞう》に送られる。腎臓はリサイクルできる化学物質をすべてこし取ると、尿素を水にとかしたまま送りだす。それがおしっこになるのさ。

鳥はあまりたくさん水を飲めない。飲みすぎると、からだが重くなって、飛べなくなっちゃうからね。そこで鳥は尿素ではなくて尿酸《にょうさん》を作って、窒素をからだの外に捨てているんだ。尿酸は白い固体だ。だから鳥はおしっこをしないで、白いものがまじったフンをする。

うんちをしなくちゃいけない理由は、ふたつある。ひとつ目は、消化《しょうか》できなかった食物繊維《しょくもつせんい》をからだの外に出すためだ。食物繊維というのは、植物のなかなかかみきれない部分でできている。食物繊維をたくさん食べなさいとよく言われるし、食品の箱なんかには、どれだけ食物繊維がはいっているかが書いてあるだろう？　食べもののほとんどは、小腸《しょうちょう》という、太さは親指くらいだけど長さは五メートルか六メートルくらいもあるグニャグニャした管《くだ》で消化されるんだよ。小腸は、食べものを搾《しぼ》るように押《お》しつぶしながら先にすすめていくから、かたい食物繊維があると、押しつけやすくなって、栄養分を搾りだすのが楽になるんだね。食物繊維は消化されないけれど、食べもののほかの部分の消化を助けている。

うんちが必要なもうひとつの理由は、古くなった赤血球《せっけっきゅう》のいらなくなった部分を捨てることだ。赤血球は肺《はい》から酸素《さんそ》をうけとって、からだじゅうに運ぶ役目をもっている。きみの脳や筋肉が働けるのは、そのおかげだ。酸素を運んでいるのはヘモグロビンという化学物質で、ヘモグロビンが古くなって使用期限が切れると、血液はそれを肝臓に送る。肝臓はリサイクルできる物質だけを取り、残りはうんちといっしょにからだの外に捨ててしまう。古くなったヘモグロビンは、バラバラにされて、ビリルビンという黄色い化学物質になるから、うんちは黄色い。
きみがトイレに行くのは、こういうわけさ。

28 ライオンはどうして吠《ほ》えるの？

ケイト・ハンブル（野生生物テレビ番組のプレゼンター）

明日、学校で体育の時間があるのに、運動靴《うんどうぐつ》が見つからないとしましょう。部屋じゅうをさがしてみた。戸棚《とだな》のなかも、ベッドの下もさがした。靴がくさかったのをおぼえているから、出窓《でまど》においたのかもしれない。だから出窓もさがした。でもない。洋服だんすから服をぜんぶ引っぱりだした。学校にもっていくカバンはさかさにして振《ふ》ってみた。イヌがかくしたかもしれないから、イヌのベッドもさかさまにしてみた。でも靴は消えてしまったみたい。じゃあどうする？　お母さんを呼んでみるしかないわね。「おかあさーん！」

聞こえなかったようね。じゃあもう一回、声を大きくして呼んでみましょう。「おかあさ――ん！」

でもお母さんは台所で洗い物をしながら、ラジオにあわせて歌を歌っている。しょうがないから、息を思いっきり吸いこんで、できるだけ大声で叫《さけ》ぶ。「おかあさーーん！」そしたらお母さんが、ちょっとあわてた様子で走ってくるのが見えるでしょう。あなたが階段から落っこちて、両足を折ったかもしれないと思ったからよ。もちろん、足を折ったようには見えないけれどね。でも叫んだおかげで、お母さんはあなたが呼んでいるのに気づいてくれた。あなたはお母さんに、自分の気もちを伝えられたわけね。

動物たちはみんな、おたがいに気もちを伝えあっている。サルやゴリラなどの霊長《れいちょう》類《るい》は、人間と同じようなやりかたを使って気もちを伝える。いろいろな声を出すほかに、顔の表情やジェスチャーも使う。テントウムシは色を使って敵をよせつけないようにしている。赤と黒のはねは、「ぼくに近づくな、危険だぞ」っていう警告なのよ。

イルカはカチカチッと音を出したり、キーッと鳴いたり、しっぽで海面をたたいて水しぶきを上げたり、空中に大きくジャンプしてバッシャーンと腹うち飛びこみをしたりする。イルカが腹うち飛びこみをするのは、あなたがフェイスブックに書きこんで、大好きなアイドルの最新シングルを聴《き》いたら最高だったって友だちみんなに伝えるようなものね。ただしイルカにとっては、アイドルより魚のほうが大事なんだけど。じゃあライオンはどうするのかしら？　ライオンは、低い声でウッッウッ、ウーッッ、グルルルルとうめいたり、歯をむきながら怒《おこ》ってウォーッとうなったり、つばを吐《は》いたり、息を吐いたり、ニャオーとかわいい声を出したり、そしてもちろん、ウォーーンと大声で吠えたりする。

野生のライオンはほとんどがアフリカにいて、ふつうはサバンナという、見晴らしのきく大草原で暮らしている。そしてふつうは、一頭か二頭のオスと四頭か五頭くらいのメスが集まった群れを作っている。それぞれの群れにはなわばりがあって、おもにオスがそのなわばりを守り、ほかのライオンがはいりこんで自分たちのアンテロープ(ライオンが餌《えさ》にしている動物)やメスライオンを盗《ぬす》まないように見張っているのよ。なわばりはたいてい、とっても広いから、吠えるのはなわばりを守る方法のひとつになるわ。吠える声でほかのオスライオンたちに、こっちのなわばりに迷いこみそうだぞって知らせているのね。

オスライオンがライバルにバッタリ出会ってしまうと、吠えて相手をおどし、追いはらおうとする。それから、群れのなかまと連絡《れんらく》をとりあうときにも吠える。人間がメールを送るのと同じだと考えればいいわ。だいぶうるさい点がちがうだけ。ライオンが本気を出して吠えれば、八キロメートルはなれている場所にいても聞こえる。

でもライオンは、あなたの運動靴さがしを手伝ってはくれないわね。

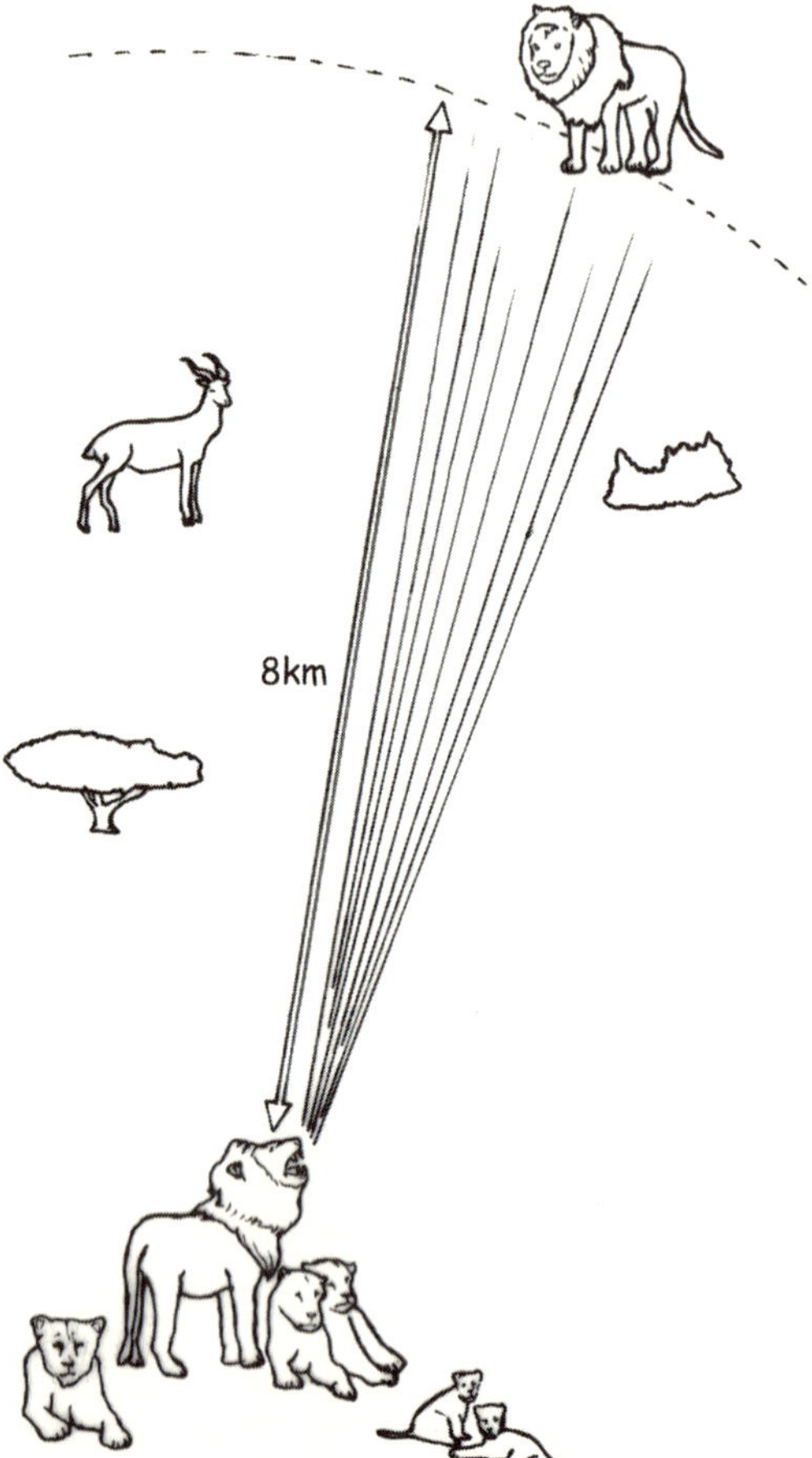
8km

29 どうしてお金があるの？

ロバート・ペストン（BBCビジネスエディター）

お金がない世界を思いうかべてみよう。とってもややこしいことになる。たとえば、きみはピザを買いたいとしよう。だからピザ屋さんに行ってひとつ注文する。でもお金はもっていない。じゃあ、ピザを作ってくれる人に、どうすればそれをくださいと言えるだろうか？　そうだね、ピザ屋さんもきっときみと同じように、なにかが必要だし、なにかをほしいと思っている。たぶん、きみがもっているか作ることができるなにかと、おいしいピザを交換《こうかん》してくれるだろう。でもピザ屋さんがほんとうにほしいものをきみが用意できなければ、ピザはもらえない。それじゃあ、がっかりだよね？

こんどはピザ屋さんの立場になって考えてみよう。ピザを作る人は、材料の小麦粉とトマトとチーズを手にいれる必要がある。お金がない世界で、農家に行って小麦粉とトマトとチーズをわけてもらうには、どうすればいいだろうか？　そうだ、できあがったピザと交換してくれるかもしれない。でも、どんなにおいしいピザだとしても、農家がほしいピザの数にはかぎりがあるよ。

こうやってお金が考えだされた。そう、お金は人間が考えだしたものなんだ。天からふってきたわけじゃない。庭にも生えてこない。人間が何千年も前に、はじめはめずらしい貝がらなど、のちには金属のかけらにこれこれの価値があるときめ、それをなんでもほしいものと交換できることにきめた。今のお金は、紙だったり、プラスチックだったりもする。電子マネーだってある。でもお金で大事なのは、一定の価値があるとみんながわかっているものだという点だ。だからだれでも好きなものと交換できる。

ピザ屋さんは、ピザと交換にきみからお金を受けとればよろこぶ。農家の人がお金とピザの材料を交換してくれるのがわかっているからね。農家の人だって、そのお金を使って必要なもの（たとえば種子《しゅし》や肥料など）を買えるのを知っている。

お金は、人間が考えだしたなによりみごとな発明品のひとつだ。でも最初に考えだした頭のいい人の名前は、だれにもわからない。

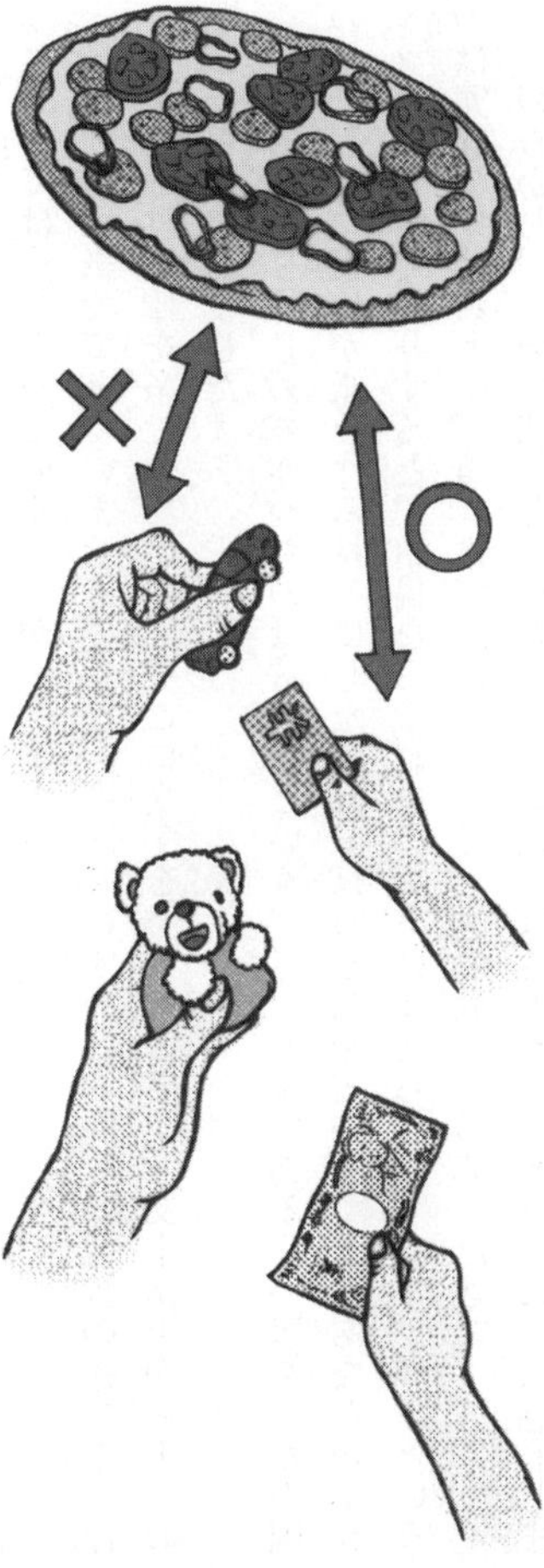

30　世界ではじめて本を書いた人はだれ？

マーティン・ライアンズ教授（歴史学者）

大むかしのことだから、だれにもわかりません。謎《なぞ》です。でもごくはじめのころの本については、わかっていることがあります。

最初、本は紙でできていませんでした。中国ではずっとむかしに、竹の棒で本を作りました。竹の棒を糸でつないで、そこに文字を書いたのです。文字は上から下への順にならんでいました。

実用的な紙をはじめて作ったのは、蔡倫《さいりん》という、足もとまである長い服を着た中国の人でした。蔡倫が紙を作る材料にしたのは、ぼろきれや古い服です。あなたがTシャツをぬぎ捨《す》てたりすると、蔡倫ならそれをノートに変えられます。Tシャツというのは冗談《じょうだん》ですけれど――ぬぎ捨てたりしないで、洗濯機《せんたくき》にいれてください。

そのむかし、中国に孔子《こうし》という人がいて、人々は孔子がとても賢《かしこ》いことに感心しました。だから、孔子が話したことを忘れないように、ぜんぶ書きとめておきたいと考えました。そこで孔子の言葉を、五〇個のとても大きな石に彫《ほ》りこみました。一個の石が人間くらいの大きさです。これまでに作られたなかで、いちばん重い本です。書くのに八年かかり、二〇〇人の人が運びました。

本格的な図書館がはじめてできたのは、エジプトでした。その図書館の本にはページがありません。巻物《まきもの》といって、クルクル巻いた紙に書かれていたからです（紙といっても今あるようなものではなく、パピルスという植物の茎《くき》から作られた紙でした）。大きいトイレットペーパーみたいな本が並んだ図書館を想像してみてください。ある日、その図書館が火事になり、本のほとんどは焼けてしまいました。なんとおそろしいことでしょう。あなたの好きな本には、そんなことが起きないようにしてくださいね。

31 どうしてゾウの鼻は長いの？

ミケイラ・ストラカン（野生生物テレビ番組のプレゼンター）

ゾウの鼻が長い理由はいくつもあります。ゾウは鼻を使って、じつにいろいろなことができるんです。食べる、飲む、シャワーをあびる、あいさつする、さわる、においをかぐ、泳ぐ、木を引きたおす、ものをつまみあげる、戦う！

ゾウほど便利ですぐれものの鼻をもっている動物は、ほかにはいません。あの長い鼻は、ほんとうは鼻と上くちびるがいっしょになったものです。とっても強くて、それでいてしなやかで、器用に動きます。わたしたちが自分の腕《うで》で、ゾウの鼻と同じくらい、いろいろなことをできたらすごいでしょうね。わたしたちの腕では、さわれて、ものもつかめて、あいさつができても、においをかいだり、シャワーをあびたり、水を吸いこんだりすることはできません。

ゾウの鼻はとっても強いんですよ。だから、木を引っぱってたおすことだってできます。そのうえ器用だから、えんぴつを一本だけ、いいえ、ピーナツひと粒《つぶ》だってつまめます。それにもちろん長いから、木のてっぺんまでのばして葉っぱをちぎれるし、低くたらして水をいっぱい吸いこんでから、こんどは自分の口をめがけて吹《ふ》きだしたり、頭の上からシャワーをあびせたりもできるんです。ゾウは、からだが虫にさされないようにと、鼻を使って泥水《どろみず》をあびたりもします。

ゾウが泳いでいるのを見たことがありますか？　水が深くなると、鼻の先を高々と上げて、シュノーケルの代わりに使います。なんて便利なんでしょう。わたしも腕でそんなことができたらいいのに！　ゾウの鼻があんなに長いのは、からだが巨大《きょだい》で、足が長く、頭がとても大きいからです。あの長い鼻がなければ、餌《えさ》を食べることができないのです。その鼻は四万もの筋肉《きんにく》と腱《けん》でできていて、いちばん先のところは、それはそれは敏感《びんかん》です。

ゾウが鼻を自分の思いどおりに使えるようになるまでに、たっぷり一年はかかります。ゾウの赤ちゃんが、鼻のぜんぶの筋肉をなんとか使いこなそうと、いっしょうけんめいに練習しているところは、見ているだけで楽しいものですよ。わたしは、ゾウが鼻を使って絵を描《か》いているのまで見たことがあります！　人間に飼われているゾウでしたが、できあがりは芸術作品で、ハナやかな、とってもおもしろい絵でした。

32　どうして意地悪なんかするのかな？

オリヴァー・ジェームズ博士（心理学者）

きみは、自分はなんにも悪くないと思っているのに、お父さんやお母さんからガミガミ小言《こごと》を言われることがあるかな？　そんなときは頭にくるだけじゃなくて、なんだか悲しくなっちゃうよね？

そうやってムシャクシャすると、こんどはきみがべつの子に、ちょっと意地悪したくなっちゃうんだ。たぶん弟や妹にむかってね。大好きなおもちゃをわざと隠《かく》したり、「やーい、数もかぞえられない、バーカ」なんてからかったりする。弟や妹がどれだけ怒《おこ》るかわかっているのに。さもなければ学校の子が相手だ。どんなことをすればいやがるか、きみはちゃんと知っているからね。魚がだいっきらいな子に、きょうの給食は魚だよって言ってみたり、悪口を言ってみたり。

人が意地悪をするのは、そういうわけなんだ。だれかから、なにかをされて、むっとしたり落ちこんだりする。そうすると、そのやりきれない気もちを晴らしたくなる。そこで、だれかを怒らせたり悲しませたりしようとする。まるでほかの人をゴミ箱に使うようなものさ。心のなかにたまったゴミみたいな気もちを、相手のなかに捨てようとするんだよ。そして少しのあいだだけほっとするんだ。「ああよかった、ゴミがなくなって」って思うから。

でも、そんなにうまくはいかないよ。しばらくすると、おかしなことに、心のなかにゴミがまたわき出てくる。海や池になにかを投げ捨てたら、水面にポッカリ浮かんでくるみたいに。意地悪なんかして、しまったと思ったせいかもしれない。それで夜いやな夢を見たり、イライラ、ムカムカしたりするんだ。さびしくなって泣いちゃうかもしれない。

たぶん、それほど後悔《こうかい》しない子もいるだろう。そういう子は手あたりしだいに意地悪するから、なかよくしてくれる子はいない。それでもっと不機嫌《ふきげん》になって、落ちこむ。もっとたくさんのゴミを、まわりじゅうの人に捨てようとする。そうやってもっとひどいことになっていく。最後には、自分がゴミの山に埋《う》もれているように感じるだろうね。

次にだれかがきみに意地悪をしたら、こんなふうに考えてみよう。「この意地悪な子は、どうしてこんなに暗い顔をしているのかな。ぼくに意地悪したくなるほど悲しくて腹を立てているのは、どうしてだろう？」

奇妙《きみょう》だけど、そう考えると、あんまり怒る気にならないと思うよ。

33 木はどうやって、わたしたちが息をする空気を作っているの？

デヴィッド・ベラミー博士（植物学者）

このすばらしい世界でわたしたちといっしょに暮らしている草木や動物は、みんな、目に見えない三種類の気体《きたい》のおかげで大きくなり、元気でいることができるのです。その三種類の魔法《まほう》の気体は、二酸化炭素《にさんかたんそ》、水蒸気《すいじょうき》、酸素《さんそ》です。これらはあらゆる生きもののもとになっていて、もしなければ、地球上に生きものの姿はないでしょう。

あなたが息を吸うごとに、あなたの肺《はい》は酸素がたっぷりはいった新鮮《しんせん》な空気でいっぱいになります。からだが動くためにはたくさんの酸素がいるので、酸素はすぐに使いはたされて、二酸化炭素に置きかえられてしまいます。息を吐《は》くと、この二酸化炭素がからだから空気中に出ていきます。

植物はどれも、大きな樹木も含《ふく》めて、空気中から二酸化炭素と水蒸気を取りこんでいます。植物は太陽の光をエネルギーとして使い、これらの気体を、糖《とう》と、成長を助けてくれるそのほかの基本的な栄養素に変えています。そしてそうしながら、空気中に酸素を出しています。

このしくみは光合成《こうごうせい》と呼ばれていて、あらゆる生きものが利用する糖と酸素は、このしくみによって生みだされています。

人間と植物が息をする方法は、もちろん同じではありません。人間は鼻と口から酸素を取りこみます。鼻と口は肺につながっていて、肺は生きるために必要な気体を出しいれするポンプの役割をはたしています。植物に肺はありませんが、葉や茎《くき》には息をするための穴がたくさん散らばり、そこを通して気体が出たりはいったりします。これらの穴には、とても細い管《くだ》でできている隠《かく》れた配管システムがつながっています。配管システムは、湿《しめ》った土の奥《おく》深くに張った根から、いちばんてっぺんの葉まで、水を運びます。

どの植物も、いつもいっしょうけんめい、管を水でいっぱいにしています。それでも葉のまわりの温度が高くなりすぎたり、土がカラカラに乾《かわ》いたりすると、穴を閉じて水を節約します。息をする穴が開いているときには、水が蒸発《じょうはつ》して外に出ていきます。それと同時に、二酸化炭素が空気中から植物のなかにはいっていきます。

わたしは庭しごとをしながら、よく歌を歌います。わたしが二酸化炭素を吐きだしているので、草も木もありがとうと言っているのがわかるからです。声は聞こえてきませんけれどね。でも、二酸化炭素のおかげで、植物はたくさんの花や果物や穀物や野菜を作れるのです。

目に見えない気体と太陽の光で、生命がつむがれているなんて、まるでおとぎ話のようではありませんか？　でもそれは世界じゅういたるところで、あなたやわたしのまわりで、いつも起きていることです。そのことをよろこびたいと思います。だってもし止まってしまったら、わたしはここで、あなたのすてきな質問に答えていられないはずですからね。

34 宇宙のはじめに「なんにもなかった」のなら、どうして「なにか」ができたの？

サイモン・シン博士（サイエンスライター）

科学者たちは、この宇宙が「ビッグバン」と呼ばれる大爆発《だいばくはつ》のあとで生まれたことを示す証拠《しょうこ》を見つけました。今ある銀河《ぎんが》や恒星《こうせい》や惑星《わくせい》を作りあげている、とってもこまかい粒《つぶ》が、この爆発のあと、とつぜん姿をあらわしたのです。じっさいには、ビッグバンによって空間そのものも生まれました。もっと奇妙《きみょう》なことに、ビッグバンは時間も生みだしました。

ビッグバンは爆発なので、宇宙は誕生したその瞬間《しゅんかん》からずっと、ふくらみつづけています。そのために、たくさんの銀河と銀河のあいだはどんどんはなれていって、未来にはもっともっとバラバラになっていくでしょう。ただし、重力《じゅうりょく》がこれをすっかり変えてしまうかもしれません。

重力というのは引きつける力のことですから、あらゆるものを集めようとします。

だからきみがどこかから落ちると、地球にむかって地面に落ちるんですね。地球からはなれるように、空にむかって落ちていくことはありません。重力のせいで、きみと地球はおたがいに引っぱりあっているのです。同じく重力のせいで、宇宙のなかのあらゆるものが、おたがいに引っぱりあっていることになります。そこで、ずっとずっと遠い未来には、宇宙がふくらむはやさは重力に影響《えいきょう》されてにぶっていき、やがてふくらむのが止まり、それから逆転《ぎゃくてん》することも考えられます。つまり、宇宙はちぢみはじめるかもしれません。

それなら、はるか先の、ず———っと先の未来には、宇宙でビッグバンの反対が起きて、ちぢんだあげくにつぶれてしまうことになります。これを「ビッグクランチ」と呼ぶこともあります。でもそうなると、そのいきおいが逆転して、またビッグバンが起きるかもしれません。もしかして宇宙の歴史は、大爆発—ふくらむ—止まる—ちぢむ—つぶれる—大爆発—ふくらむ—止まる—ちぢむ……のくりかえしなのでしょうか。

その考えに従うならば、宇宙は「なんにもない」ところからはじまったわけではなく、それより前にあった宇宙がつぶれたものからはじまりました。わたしたちが住んでいるこの宇宙は、前にあった宇宙のリサイクル版です。

あいにく、このようなリサイクル宇宙説が正しいことを示す証拠はあまりありません。ほんとうのところ、宇宙がふくらむ力を逆転できないことを示す証拠なら、いくつか見つかっています。だから科学者たちはまだこの謎《なぞ》を追いつづけています。

科学者たちがこの疑問に答えを見つけてくれるまで待ちながら、同じような疑問に答えようとした四世紀のキリスト教哲学者《てつがくしゃ》、聖アウグスティヌスについてお話ししておくのがいいかもしれません。「ビッグバンの前にはなにがあったの？」という質問の代わりに、だれかがこうたずねました。「神様は、世界をおつくりになる前には、なにをしていたのですか？」すると聖アウグスティヌスは、神様は、そんな質問をする人々のために地獄《じごく》をつくっていた、と答えたそうです。

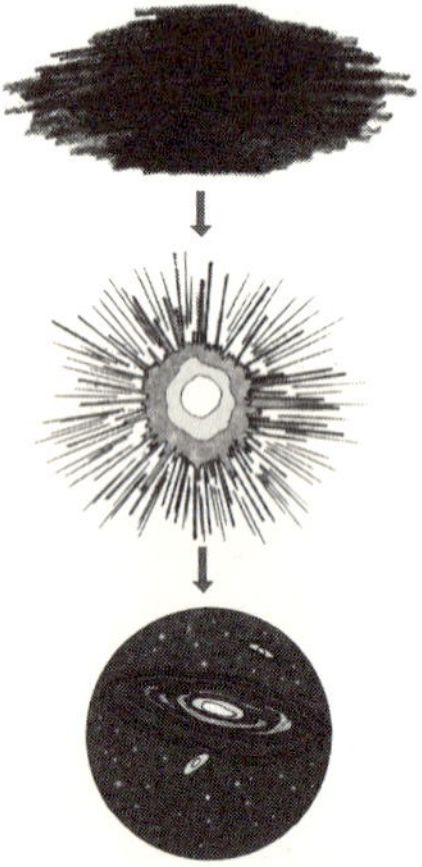

35 いろんな肌《はだ》の色をした人がいるのはなぜ？

カール・ジンマー（サイエンスライター）

はじめに、ぼくたちの肌にはどうやって色がつくかを考えてみよう。

きみの皮膚《ひふ》には、「色素《しきそ》」という色のついた分子《ぶんし》のかたまりを作る、特別な細胞《さいぼう》があるんだ。色素のかたまりには、いろいろな色のものがある。それが組みあわさって、またちがう色ができる。そうやって皮膚にできた色素が多いほど、色は濃《こ》くなっていく。北国スウェーデンの、とても色白の人たちの皮膚には、ほんのわずかな色素しかない。でもアフリカのセネガルの、とても色の濃い人たちの皮膚には、たくさんの色素がある。

いろんな肌の色をした人がいる理由を知るには、この色素が人間のためになる点を考えなくちゃいけないね。

皮膚の色素には、天然の日焼け止めクリームみたいな働きがあるんだよ。太陽の光には危険なエネルギーが含《ふく》まれていて、それが日焼けのもとになり、皮膚にがんという病気まで引きおこすことがある。でも、危険な光線が皮膚にあたったとき、色素がそれをとらえ、からだに害を与《あた》えないようにしてくれる。アフリカでは太陽の光が強烈《きょうれつ》だから、色の濃い皮膚は人々をがんから守ってくれる、じょうぶな盾《たて》の役目をはたしているっていうわけだ。

でもぼくたちはじゅうぶんに太陽の光をあびないと、またべつの病気になる。からだでビタミンDという栄養素を作るには日光の助けが必要で、元気でいるためには、このビタミンDがなくてはならないからだ。アフリカには太陽の光があふれるほどふりそそぐから、皮膚の色が濃くても、日光が少しはその奥《おく》まで届く。でもヨーロッパのように、太陽の光がそれほど強くない場所では、色が濃いと皮膚の奥までじゅうぶんな日光が届かず、ビタミンDをきちんと作れなくなってしまう。だから、祖先がヨーロッパに住んでいた人たちの肌の色は、そんなに濃くない。ヨーロッパの人たちは肌の色が白くても、太陽の光が弱いので、皮膚のがんができやすくならないからだ。

36 北極と南極の氷は、いつかはぜんぶとけちゃうの？

ガブリエル・ウォーカー博士（気候とエネルギーのライター、コメンテーター）

北極と南極は氷に囲まれていますが、その氷は、いつかはとけてしまうかもしれません。その理由を考えるには、北極と南極をわけて考えるのがいちばんだと思います。

北極は地球の「てっぺん」にあって、あたり一面は、とっても冷たい海です。北極には、すばらしい動物たちがたくさん住んでいます。ホッキョクグマに、クジラ。とんでもなく大きくて、口ひげと長い牙《きば》をもったセイウチ。こういう動物たちはみんな、海のなかや海のまわりで暮らしています。

それはそれは寒いので、この北極の海の表面は、とくに冬のあいだ、かたく凍《こお》りついています。氷はとても厚くて、場所によっては氷の上でもすべらない特別なスクーターやトラクターで走ることもできます。でも氷ですから、夏になればかんたんにとけてしまうこともあります。じっさい、もうとけはじめています。地球温暖化《ちきゅうおんだんか》の影響《えいきょう》で、北極の海氷《かいひょう》はもう何十年にもわたってとけつづけていて、年によっては北極海をおおう氷床《ひょうしょう》がぜんたいの半分になることまであるのです！ それでたくさんの人が、ホッキョクグマの運命はどうなるのか、人間も温暖化でこまることがあるのではないかと、心配しているわけですね。

南極のほうは、もうちょっと安心できます。南極の氷のほうがずっとずっと厚いからです。南極は凍りついた海ではなく、南極大陸と呼ばれている巨大《きょだい》な凍りついた陸地です。この大陸のまんなかあたりの氷はとてつもなく厚くて、ここを歩けば三〇〇〇メートル以上もある氷の山にのぼったのと同じことになります。

南極大陸のまわりでは、とてもたくさんのペンギンを見ることができます（ペンギンは、ほんとうにかわいい動物ですね）。でも大陸の中心はあまりにも寒く、あまりにも厚い氷にとざされているために、住んでいる生きものはいません――氷と雪を研究するためにはるばる出かけている人間の科学者は、数にいれないことにしましょう。

南極点には、ちゃんと場所がわかるように棒が立っています。そこに一年を通して活動できる基地をもつアメリカの科学者たちが立てました。床屋《とこや》さんのしまもようの看板みたいな棒で、横に立って記念撮影《きねんさつえい》もできますよ。それよりもっといい考えは、南極点で逆立《さかだ》ちをして、だれかに写真をとってもらうことです。その写真をさかさにして見れば、地球にぶらさがっているように見えます。

ただし、今では南極の氷も、とくに大陸のまわりの部分で、とけはじめていることがわかっています。いつかはぜんぶとけてしまうことも考えられます。それはわたしたち人間にとっても、あまりうれしい話ではありません。氷がとけた水のせいで海水面が上がり、世界じゅうの海岸線の近くに住んでいる人々がこまるでしょう。でも、南極大陸にとってはいいニュースかもしれませんよ。生きものたちが、今はまだ寒すぎて住めない大陸のまんなかのほうでも暮らせるようになりますからね。一億年前には、地球ぜんたいがとてもあたたかかったので、ジメジメして気温の高い南極の沼地《ぬまち》には恐竜《きょうりゅう》が住んでいたのです！　また氷がとけてなくなったなら、次はそこでだれが暮らすのでしょうか？

37 「よい」は、どこから生まれるの？

A・C・グレイリング（哲学者《てつがくしゃ》）

わたしたちは「よい」という言葉を、みんなが好きなこと、暮らしをよりよくすること、ほかの人に親切にすることをいいあらわすときに使います。「よい人」は、正直で、まわりの人にやさしくて、約束をまもり、いつもいっしょうけんめいになにかをしている人のことをさします。「よいこと」はとてもたいせつです。この世界を、よりよい場所にしてくれるからです。

「自分が行動したり人に接したりするときの、正しい方法とはなんだろう」と、はじめて考えたときから、人々は「よいこと」とはどんなものかと話しあってきました。古代ギリシャの哲学者は「よいこと（善《ぜん》）」について議論《ぎろん》をはじめ、それから今まで議論はつづいています。哲学者たちは、「よいこと」はわたしたちが「する」ことだけではなく、わたしたちの「考える」方法にもあてはまると教えてくれました。行動は考えることできまるので、考えかたはとてもたいせつです。わたしたちみんなが、正しく生きる方法、正しく行動する方法について、考えなければなりません。

だから、みんなが、自分で自分にこんなふうに質問する必要があります――わたしはなにが「よいこと」だと思っているの？　どうしてそう思うの？　今しようとしていることは正しいこと？　それとも正しくないこと？　こうした質問に答えるときには、ほかの人もそうだと言ってくれるかどうかを考えることが肝心《かんじん》です。自分だけがそうだと思うのは、とてもかんたんですからね！

わたしたちがよいことをできるように、よいことについて考えるには、ほかの人と話をし、異なる社会で暮らす人がどう考え、なぜそう考えるかを知り、みんながなにかをよいまたは悪いと考える理由をたずねることも大事です。

これで、次のようなことがわかりました。自分の考えと行動が、自分自身やほかの人たちに、さらにそのまわりの世界に、どんなふうに影響《えいきょう》するかについて、責任感《せきにんかん》と良識《りょうしき》のある判断をすることから、「よい」が生まれます。

よい？
よい？
よい！
よい？
よい？
よい？

38 太陽はなぜ熱いの？

ルーシー・グリーン博士（宇宙科学者）

太陽はなぜ熱いのか、もう何千年も前から、みんながいろいろ頭をひねって考えてきました。

はじめのころには、太陽では石炭のかたまりがもえているなんて考える人もいたんですよ。でも今では、太陽はほとんど水素《すいそ》の粒子《りゅうし》でできていて、石炭と同じようにはもえないことがわかっています。太陽の中心の水素は、とてつもなく強い力で押《お》しつぶされているので、じっさいにはおたがいにくっついてしまい、ヘリウムという気体《きたい》になっています。

アルベルト・アインシュタインの研究のおかげで、これらの粒子がぎゅうぎゅうに押しつぶされると、太陽を輝《かがや》かせ、高熱でもやしつづけるだけのエネルギーを生みだせることがわかりました。太陽の中心の温度は一五〇〇万℃にも達していますが、太陽の表面の温度はずっと低くて、五七〇〇℃です。やかんのお湯は一〇〇℃で沸騰《ふっとう》するのを頭において、太陽の中心がどれだけ熱いのか、ちょっと想像してみてください。

現在では、宇宙に打ちあげた望遠鏡《ぼうえんきょう》を使って太陽をとてもくわしく研究できるようになり、太陽にはおどろくほど熱い大気《たいき》の層があることがわかりました。その大気の温度は表面温度よりずっと高くて、一〇〇万℃にもなっています。太陽の表面から出る熱では、大気はこれほど熱くならないはずですから、これはまったく意外なことでした。太陽大気の熱いガスは、X線《エックスせん》と紫外線《しがいせん》であざやかに輝いています。そして宇宙望遠鏡から撮影《さつえい》した、X線と紫外線も見られる太陽の写真から、また新しいことがわかってきました。太陽大気は、このガスの層にある巨大《きょだい》な磁場《じば》のせいで、こんなに熱くなっているというのです。

SOHO、SDO、「ひので」のような太陽観測衛星《かんそくえいせい》を使った観測によれば、この磁場はいつも動き、波打っているだけでなく、爆発《ばくはつ》を引きおこし、太陽大気のガスの温度を一〇〇万℃にまで上げているということです。

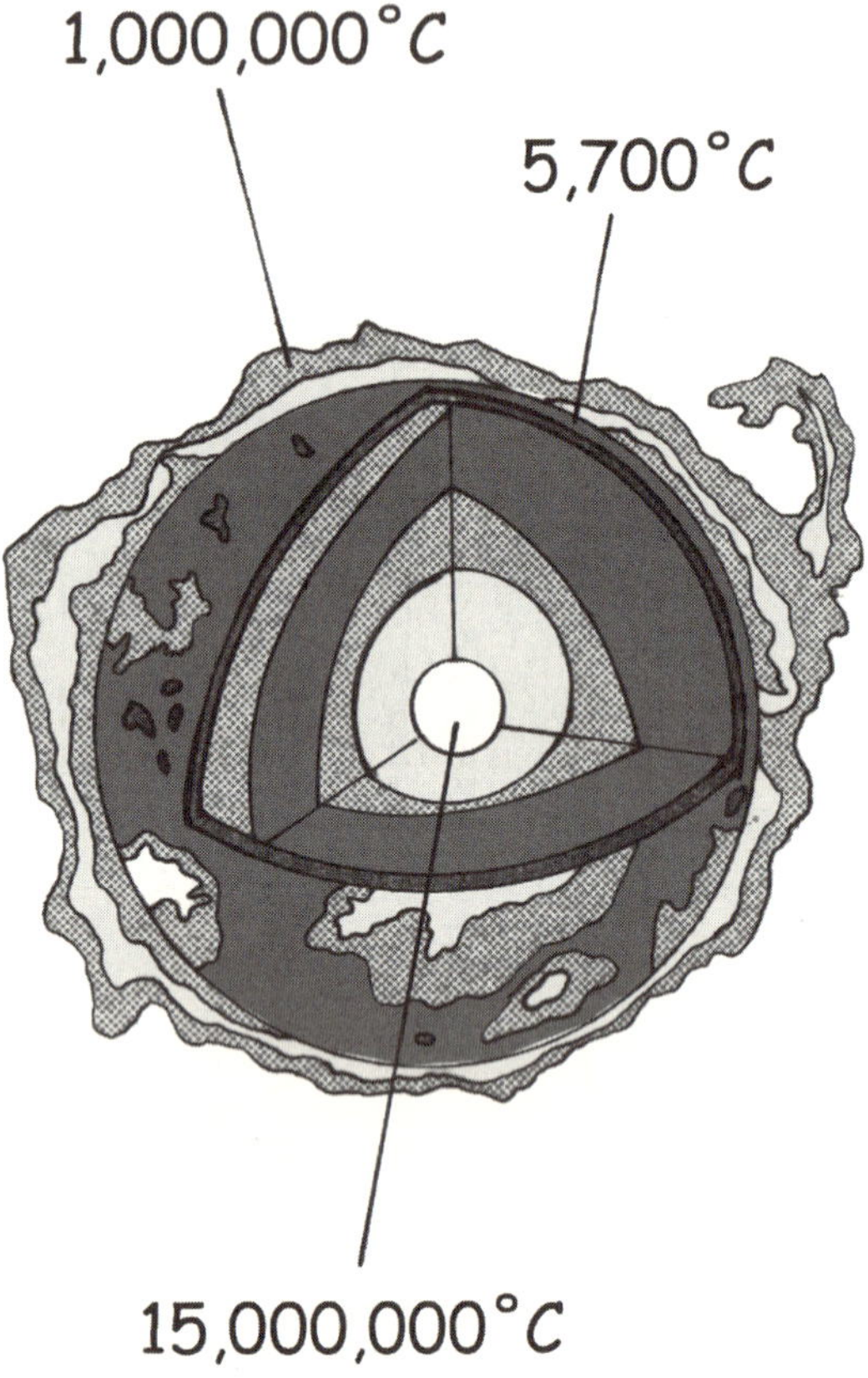
1,000,000°C
5,700°C
15,000,000°C

39 世界じゅうでいちばん絶滅《ぜつめつ》しそうな動物は？

マーク・カーワーディン（動物学者）

つい最近までは、ピンタ島のゾウガメが、わたしたちの知っていた最も希少《きしょう》な動物でした。世界にたった一頭しかいなくて、ロンサム・ジョージ（ひとりぼっちのジョージ）という名前もつけられていた大きなカメのなかまです。南アメリカの海岸線から遠くはなれたガラパゴス諸島で暮らし、およそ一〇〇歳《さい》だろうと考えられていました。でも悲しいことに、ロンサム・ジョージは二〇一二年六月に死んでしまい、その亜種《あしゅ》は絶滅してしまいました。

絶滅が心配されている動物のなかでもいちばん有名なのはジャイアントパンダですが、パンダは世界でいちばん絶滅が心配されている動物というわけではありません。たしかに生息数はとても少なく、中国の竹林《ちくりん》で暮らしているジャイアントパンダは一六〇〇頭ほどしかいないとみられています。その数はまだ減りつづけているかもしれません。それでも、それよりもっと絶滅が心配されている動物がほかにたくさんいるのです。野生からはもうすっかり姿を消していても、人間に飼われて生きているものが少しいるので、正式には絶滅したことになっていない動物もいます。たとえば、オウムのなかまのアオコンゴウインコは、ぜんぶあわせても一二〇羽ほどしか残っていなくて、そのすべてが動物園のおりのなかで、またはペットとして飼われています。

その逆に、野生にはもっと多く残っていても、暮らしている場所が大きな危険にさらされているために、よけい絶滅が心配されている動物もいます。みんながよく知っている種《しゅ》が多く、たとえばジャワサイ、トラ、マウンテンゴリラなどです。でもそのほかに、コガシラネズミイルカ（メキシコの海岸沖で暮らしている小型のネズミイルカ）、オオタケキツネザル（マダガスカルに住んでいるサルの一種）、アダックス（アフリカのアンテロープの一種）など、ほとんどの人は名前も聞いたことのないような動物もたくさん含《ふく》まれています。

「絶滅寸前」とされている、絶滅の危険が最も高い動物は、世界で二〇〇〇種類以上もいて（わたしたちが知っている範囲《はんい》でですが）、そのほかに絶滅のおそれがあるとされている動物が何千もあります。ただし、そのすべてが絶滅してしまう運命とはかぎりません。コククジラがよい例です。一九四六年に商業捕鯨《しょうぎょうほげい》についてのきまりができたあと、その生息数は二〇〇頭ほどから、ずっと健全な二万一〇〇〇頭ほどまでに戻《もど》りました。ですから、わたしたちがいっしょうけんめい保護に力をつくせば、危険にさらされている動物たちを絶滅からすくいだすこともできるのです。

40 女の人には赤ちゃんが生まれて男の人に生まれないのはなぜ?

サラ・ジャーヴィス博士（医師、コメンテーター）

女の人と男の人には、外から見るととってもよく似ているところがあるわね。なにしろ、手足や耳、鼻の数なんかは、みんな同じだもの。外から見た女の人と男の人のいちばん大きなちがいは（大人になった男の人でたまに見る、髪《かみ》のうすくなった頭をのぞいては）、女の人は胸がふくらんでいて、男の人はふくらんでいないこと。それから男の人にはペニスがあって、女の人にはないこと。

次に、からだのなかに目をむけると、同じところもあれば、ちがうところもある。からだじゅうに血を送りだしている心臓《しんぞう》は、どちらももっているし、息をするための肺《はい》も同じでしょう？ でも女の人のおなかのなかには、子宮《しきゅう》という袋《ふくろ》のような器官《きかん》がある。ふだんは卵《たまご》ぐらいの大きさだけれど、風船みたいに大きくふくらむことができるのよ。なかはからっぽで、内側はやわらかくてふわふわのじゅうたんみたい。男の人に子宮はないわね。

赤ちゃんは、女の人の卵子《らんし》と男の人の精子《せいし》から生まれてくる。卵子と精子がいっしょになって赤ちゃんになるのだけれど、そのしくみはとっても複雑。そして赤ちゃんは生まれてくるまでのあいだ、生きるための栄養をぜんぶお母さんからもらわなくちゃならないの。子宮のなかでお母さんにくっついて、大きくなるために必要なものすべてを、お母さんのからだからもらう。

赤ちゃんは、守ってあげる必要があるわね。生まれたての赤ちゃんは、お乳《ちち》を飲んで、泣いて、眠《ねむ》るほかには、ほとんどなにもできないんだから。それでも生まれてくるまでには、九か月ものあいだ育ってきている。生まれてくるまでは、自分で息もできなかったけれど。

お母さんの子宮のなかにいる赤ちゃんは、お水のようなものに浮かんでいて、息をしなくても大丈夫《だいじょうぶ》よ。でもどんどん育っていく。子宮はとってもよくのびちぢみするから、最初は豆粒《まめつぶ》より小さかった赤ちゃんも、生まれるころにはお砂糖の袋四個ぶんくらいの大きさにまでなる。

もちろん赤ちゃんが生まれたあとも、女の人と男の人のちがいはつづくわ。赤ちゃんが生まれたばかりのお母さんは、赤ちゃんが育つのに必要な栄養分がすっかりそろったお乳を、おっぱいから出すことができるんだもの。お父さんは、いろんなすごいことをできるけど、赤ちゃんを産むのだけは無理ね！

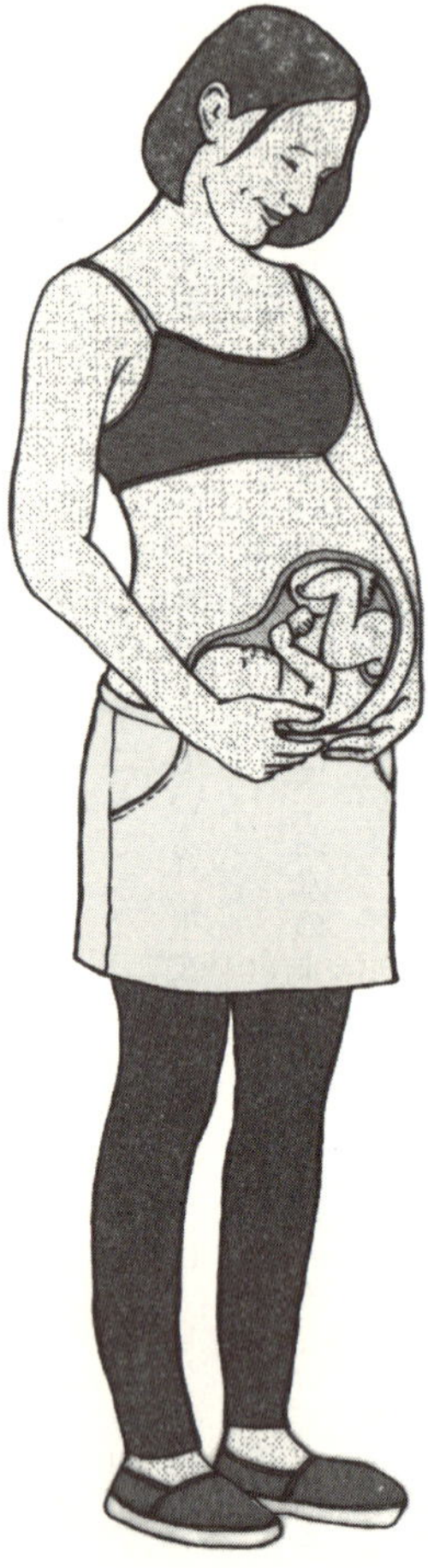

41 重力《じゅうりょく》ってどんなもの？　宇宙にはどうして重力がないの？

ニコラス・J・M・パトリック博士（NASA宇宙飛行士）

重力というのは、この世界にあるあらゆるものが、おたがいに引っぱりあう力のことだ。そして宇宙空間には、すみからすみまで、この重力がある。ものが大きければ大きいほど、おたがい近くにあればあるほど、重力の引っぱる力は大きくなる。地球はものすごく大きくて、きみのすぐそばにあるから、きみにはとても大きい重力がかかっている。おかげできみは両足を地面にちゃんとつけ、宇宙をフラフラただよわなくてすんでいるわけだね。その力を、ふつうはきみの体重と呼んでいる。きみには、じつはほかのあらゆるものからも、少しずつ重力がかかっているんだよ。たとえば月もきみを引っぱっている。ほんのわずかだから、気づいていないだけだ。月は地球の海の水も引っぱって、海に満《み》ち潮《しお》と引き潮を生みだしている。

重力は、この地球の上にかぎられたものじゃない。宇宙空間はどこもかしこも重力でいっぱいだ。ぼくらのこの太陽系のなかでは、巨大《きょだい》な太陽の重力が遠くまで届いているから、地球やそのほかの惑星《わくせい》は軌道《きどう》をグルグルまわりつづけ、どこかに飛びだしていったりしない。地球のまわりを月がグルグルまわりつづけているのも、それと同じ理由だ。

じゃあ、地球の重力が月まで、そしてもっと遠くまで届いているのなら、宇宙飛行士が宇宙船に乗って地球のまわりをまわっているあいだ、どうしてその重力を感じないのだろうか？　どうして「無重力《むじゅうりょく》」になってしまうのかな？

その答えを聞くと、ちょっとびっくりするかもしれない。宇宙飛行士は軌道をまわっているあいだ、ほんとうは地球の重力に引っぱられて、地球にむかって落っこちているからなんだ。ずーっと落ちつづけているから、足の下にはなにもなくて、重さを感じない。宇宙船で軌道をまわっているあいだ、地面にぶつかってしまわないのは、地球の「まわりを」落ちつづけているからだ。時速二万八〇〇〇キロメートルという猛《もう》スピードですすみながら、地球の表面の丸いカーブに沿って落ちているので、どこまで落ちても下から地面がなくなっていくんだね。

ぼくは宇宙飛行士として、スペースシャトルのディスカヴァリーとエンデヴァー、それから国際宇宙ステーションですごし、何週間もつづけて無重力を経験した。仕事がないときにはながめを楽しみ、浮《う》かぶテクニックの練習もした。少しだけ練習すれば、宇宙ステーションのまんなかで何分間か、まったく動かずに浮かんでいられるようになる。でも、エアコンから吹《ふ》きだしているわずかな風のせいで、ちょっとずつちょっとずつ、通気口《つうきこう》のほうに吹きよせられてしまうんだ！

42 人はどうして永遠に生きていられないの？

リチャード・ホロウェイ（作家、コメンテーター）

もしわたしたちが永遠に生きられて、だれも死なないとしたら、何年かのうちに世界は人でぎゅうぎゅう詰《づ》めになって、動くことも遊ぶことも走りまわることもできなくなってしまうでしょう。

あなたの家にどんどんどんどん人がやってきて、いっしょに暮らすようになるのに、部屋は増えないのと同じようなものです。はじめは楽しいでしょうが、そのうちに自分だけのベッドはなくなります。やがて横になって寝《ね》る場所さえなくなるし、ゲームで遊ぶこともできなくなるでしょう。家は人であふれかえりますからね。

みんなにじゅうぶんいきわたるだけの食べものはないので、まもなく世界じゅうの食べものを食べつくし、おなかがすいて、気分も悪くなります。たぶん、なんとか食べられるわずかなものをめぐって、けんかも起きるにちがいありません。

最悪なのは、生きていることがおそろしく退屈《たいくつ》で、うんざりしてくることです。休み時間も休みの日も卒業もない学校に、えんえんと通《かよ》うようなものですからね。ただ毎日毎日がすぎていって、同じことが何回も何回も起きて、いつまでもいつまでもつづいていくだけです。

わたしたちは永遠に生きられないからこそ、大人になり、子どもたちが生まれるのを楽しみに待つことができます。そしてそれから年をとって、死んでいき、子どもたちが暮らし、大きくなって、また子どもをもつ場所をあけてあげます。それがつぎつぎにくりかえされ、永遠につづいていくのです。

43 水はどうやって雲になって、雨をふらすの？

ギャヴィン・プレイター＝ピニー（作家、雲を愛《め》でる会の設立者）

雲は、数えきれないほどたくさんの、とても小さい水の粒《つぶ》でできています。水の粒は、ときにはこまかい水滴《すいてき》になり、ときには氷の結晶《けっしょう》にもなります。水が空にむかってのぼっていくのが見えないのに、とつぜん空にあらわれるなんて、おかしいと思うかもしれませんね。でも、目に見えないというだけで、なにかがそこにないとはかぎりません。

水は、目に見えなくなることがあります。もちろん、飲み水のようなふつうの流水《りゅうすい》のことではありません。そういう水は、いつでも目に見えますからね。冷えて氷になった水のことでもありません。氷だってかんたんに見えます。水が見えないのは、気《き》体《たい》になっているときです。そのとき、水はたがいにくっつきあって流れる水やかたい氷になっているのではなく、分子《ぶんし》という、いちばん小さいかたちに分かれ、バラバラになって空気中に浮《う》かんでいます。

水が気体のとき、その分子はいきおいよくビュンビュン飛びまわっていて、それぞれのあいだには大きなすきまがあります。それに分子というのは、どれもとっても小さいので、水がこうして気体になっているとき、わたしたちの目には見えません。水の分子が何億個も、何十億個も集まり、くっついて、小さい水滴になったときはじめて見えるようになるのです。そして空で雲ができるときには、まさにそういうことが起きています。

あなたは気づいていないかもしれませんが、まわりにはこの目に見えない水がたくさんあります。水はわたしたちが呼吸《こきゅう》をしている空気にもまじっています。水の分子は広い海や、山に積もった雪、水たまり、そのほか地上にあるあらゆる水の表面から、空気中にはいります。あたりを自由に飛びまわっている水の分子は小さすぎて、まったく見えませんが、たしかにそこにあり、空気のそのほかの分子といっしょに、たがいにぶつかりあっています。

空気の温度が高ければ高いほど、たくさんの水の分子が空気中にはいっていき、飛びまわるいきおいも増します。でも、この目に見えない水が、いったいどうやって空高くまでのぼり、白いフワフワの雲になるのでしょうね?

地球のまわりをおおっている空気の層の、下の部分の何千メートルかは、とても動きやすく、いつもうず巻くように流れています。だから地面の近くにある空気は、じつにいろいろな方法で空にもち上げられていきます。山をこえて吹《ふ》く風にのって巻きあげられることもあります。太陽であたためられた地面の熱をうけ、軽くなって上へ上へと浮かんでいくこともあります。そしてどんな方法でのぼるにしても、高いところにいくほど冷やされます。それで雲ができるのです。

空気が冷えるにつれ、目に見えない水の分子は、あまり元気に飛びまわれなくなっていきます。やがていきおいを失うほど冷えたとき、たがいにぶつかりあった分子がくっついて水滴を作りはじめます。高くなるほど、空気はさらに冷え、水滴がどんどん増えて目に見えるようになり、私たちから白い雲に見えるくらい大きくなっていきます。

そうなってもまだ空気が上をめざし、もっと冷えていくと、雲の水滴はこまかい氷の粒に変わります。こうしてできてくる氷がだんだん大きくなって、もう浮かんでいられないくらい重くなると、こんどは地上にむかって落ちはじめ、雪や雨になってふってくるのです。

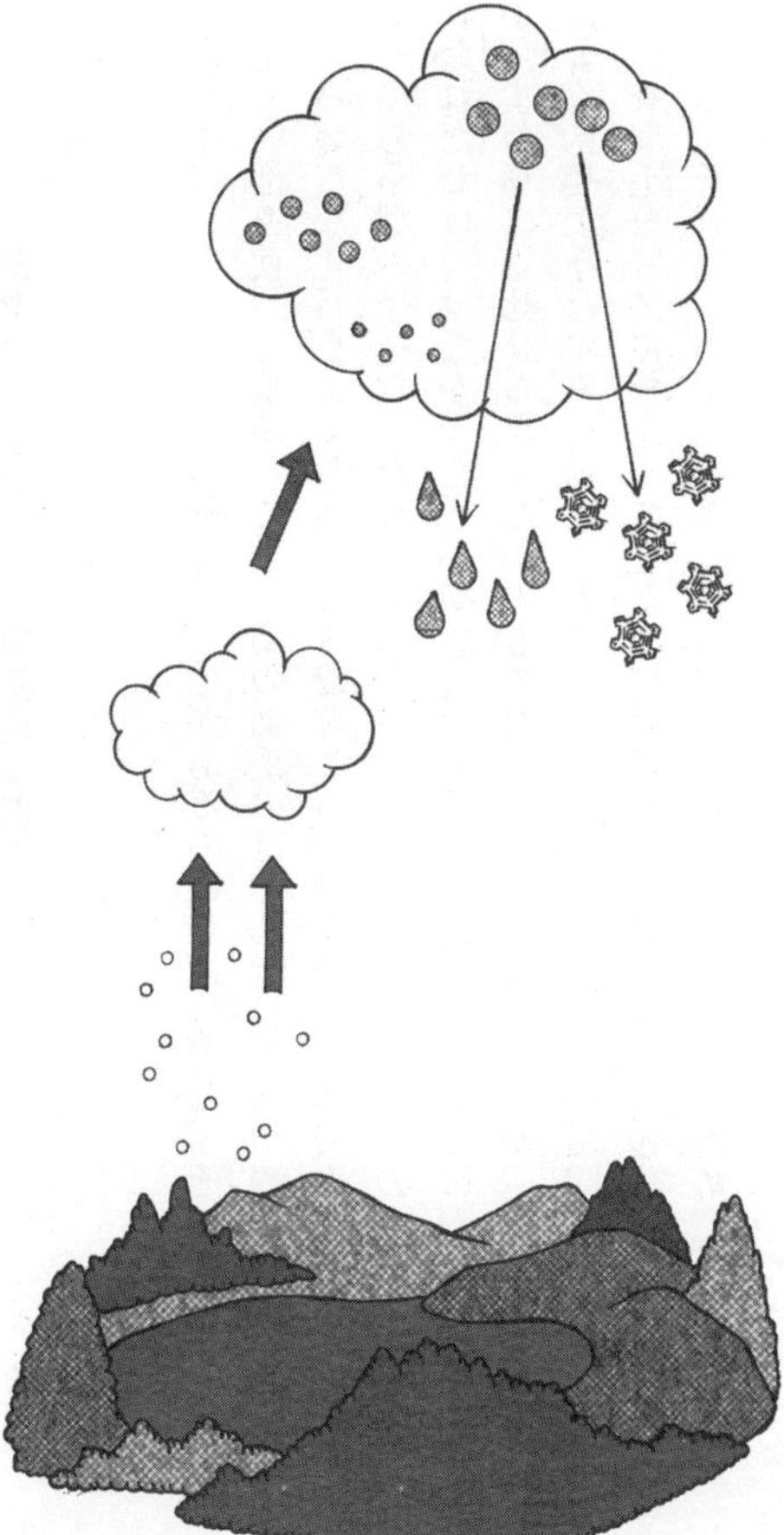

44 空を飛ぶ動物には（コウモリはべつにして）なぜ羽毛が生えているの？

ジャック・ホーナー（古生物学者）

たしかに、今生きている動物で羽毛があるのは鳥だけだね。そしてたしかに、鳥は羽毛の一部を使って飛ぶ。でも、鳥の羽毛のほとんどは、べつの目的のためにある。

いろいろな化石をよくしらべてみたところ、世界ではじめて羽毛をもった動物は、どうやら小型の恐竜《きょうりゅう》だったらしいことがわかった。そして恐竜の羽毛は、飛ぶために使われたわけではなかった。小型恐竜の羽毛は、おもに体温をにがさないため、それからまわりに見せびらかすためのものだったんだ。動物たちが、自分のことをまわりによく見せようとする行動は「ディスプレー」と呼ばれていて、オスの鳥がとてもきれいな羽毛をメスにむかって、ときにはほかのオスにも、自慢《じまん》げに広げているのを見かける。それは、パートナーになってくれる相手の気をひくためだ。

科学者たちはここ何年かのあいだに、恐竜がだんだん鳥に変わったと考えるようになった。つまり鳥の祖先は恐竜だったというわけだ。じつをいうと、わたしたちが鳥だけのものだと思っている特徴《とくちょう》のほとんどは、恐竜が作りだしたものだ。鳥の特徴には、羽毛、（空を飛ぶために軽くしている）なかが空《から》っぽの骨、それに（左右の鎖骨《さこつ》がくっついてひとつになった）暢思骨《ちょうしこつ》、かたい殻《から》をもった卵《たまご》などがある。

こんなふうに恐竜と鳥には共通した特徴がとても多いので、わたしたち古生物学者は、鳥を「恐竜類」というグループにいれることにした。つまり、鳥は生きた恐竜なんだ！　こうして鳥は恐竜のなかまだということがわかったので、わたしは何人かの生物学者たちと力をあわせ、鳥のＤＮＡにある遺伝子《いでんし》のスイッチをいれたり切ったりして、鳥から恐竜をよみがえらせようとしている。ニワトリを使い、長いしっぽをはやす遺伝子、翼《つばさ》のかわりに手のある長い前脚《まえあし》を作る遺伝子を探しているところだ。それから、歯のあるニワトリを育てようともしている。

恐竜の特徴をもった鳥ができたら、その動物の名前はチキノサウルスかな？　それとも恐鶏《きょうけい》かな？　ニワトリから恐竜を作れるようになれば、どんな鳥からでも恐竜を作れるだろう。鳥たちはぜんぶ親戚《しんせき》だからね。そうしたら、大きい恐竜ができるように、ダチョウをもとにして作ってほしいという子どももたちもいるだろうな。でもわたしは、小さい恐竜だけにしておいたほうがいいと思っている。人間を食べたりしないように。きみはどう思う?

45　わたしの脳はどうやってわたしを思いどおりに動かしているの？

スーザン・グリーンフィールド（神経科学者）

　この質問には、たいせつな言葉がふたつはいっています。「脳」と「わたし」です。まず、このふたつの言葉の意味がほんとうにわかっているかどうか、たしかめなければなりません。

　脳というのは、あなたの頭のなかに詰《つ》まっているドロドロしたものです。見かけはとても大きいシワシワのクルミに似ていますが、木の実とはちがってやわらかく、半《はん》熟卵《じゅくたまご》みたいにフカフカです。でもほんとうは、木の実や卵よりずっとずっとすぐれものですよ。あなたが見たり聞いたり感じたり、においをかいだり味わったりできるのは、この脳のおかげなのですから。脳はからだの中央指令室でもあり、あなたがうまく動けるように、腕《うで》や脚《あし》のたくさんの筋肉《きんにく》すべてに命令を出しています。なにより大事なのは、わたしたちは脳を使って考えているということ、つまり、脳があるから

「わたし」について考えられるということです。

　では、頭のなかではなにが起きているのか、ちょっとのぞいてみましょう。

　生まれたての人間の赤ちゃんの脳は、赤ちゃんチンパンジーの脳と同じ大きさをしています。でもそれから、目をみはるようなすばらしいことが起こります。脳を作りあげているのは、顕微鏡《けんびきょう》で見なければとても見えないほど小さな組みたて部品（細胞《さいぼう》）で、それがおよそ一〇〇〇億個も集まっているのですが、その脳の細胞が、生まれてすぐから、細長い枝をのばしておたがいにつながりあっていくのです。そしてこのつながりはどんどんのび、どんどん増えていきます。それにつれて脳もまた育っていき、チンパンジーの脳よりずっと大きくなります。

　では、これがどうしてそんなにおもしろいこと、そんなにたいせつなことなのでしょうか？

　わたしたち人間は、それほどはやく走れるわけではなく、特別によく見える目をもっているわけでもありません。ほかのたくさんの動物たちとくらべ、それほど強いわけでもありません。それでもこの地球上で、ほかのどの動物より広い場所に、たくさんの人間が暮らしています。その理由は、わたしたち人間には、ほかのどの動物よりはるかによくできることがあるからなのです。それは、「学ぶ」ことです。

人間は、経験したことから学習するのがとても得意なので、どんな環境《かんきょう》に生まれても、その環境に適応《てきおう》することができます。そして学習がそれほど得意なのは、脳の細胞がいつもいつも、休みなく、とてもじょうずにつながりあっているからです。あなたがなにかを経験すると、それがどんなことでも、あなたの脳のなかのつながりが変わります。だからもしあなたにクローンがいても、つまりまったく同じ遺伝子《いでんし》をもつ一卵性双生児《いちらんせいそうせいじ》のきょうだいがいても、あなたはあなたひとりだけの脳細胞のつながりをもっているわけです。ふたごのきょうだいでも、経験することはそれぞれちがいますからね。同じ家族と同じ家で暮らしていたって、ひとりひとりに、ほかの人とはちがうことが起こっているでしょう?　だれかと話す、ゲームで遊ぶ、なにかを食べる、窓の外をながめるなど、ごくあたりまえのことをしたって、そのたびにあなたの脳細胞のつながりはたったひとつのやりかたで適応し、あなたをたったひとりしかいない、特別な人にしていきます。

だから質問への答えは、「わたしの脳」と「わたし」は同じ、ということになります。あなたの脳があなたを思いどおりに動かしているわけでも、あなたがあなたの脳を思いどおりに動かしているわけでもありません。なにしろどっちも同じなのですから。

でも、あなたがあなたでいる気もちが、木の実みたいに見えて半熟卵みたいにやわらかいものからどうやって生まれてくるかは、世界でいちばんむずかしくて、いちばん大きな、まだとけていない謎《なぞ》です。

46　わたしたちはみんな親戚《しんせき》？

リチャード・ドーキンス博士（進化生物学者）

そうです。わたしたちはみんな親戚どうしです。きみはイギリスの女王やアメリカの大統領《だいとうりょう》の、そしてわたしの、（たぶん遠い遠い）親戚です。きみとわたしは親戚どうし。それはきみが自分でも証明できることですよ。

だれにでも親がふたりいますね。それぞれの親にもふたりの親がいるので、わたしたちにはみんな、あわせて四人のおじいさん、おばあさんがいます。おじいさん、おばあさんにも親がふたりずついるので、ひいおじいさんとひいおばあさんは八人いて、ひいひいおじいさんとひいひいおばあさんは一六人、ひいひいひいおじいさんとひいひいひいおばあさんは三二人。

こうして何世代前までさかのぼっても、その世代にいた祖先の数を計算することができます。二を、さかのぼる世代と同じ回数だけかけあわせればいいのですからね。

時代を一〇〇〇年さかのぼってみることにしましょう。日本ではまだ都が京都にあった平安時代に、きみの祖先が何人生きていたかを計算します。一〇〇〇年で四世代すすむとすると、一〇〇〇年ならおよそ四〇世代前です。

二を四〇回かけると、一兆をこえてしまいます。ところが、そのころの人口は、世界じゅうあわせても三億人ほどでした。今の人口だって七〇億人なのですから、一〇〇〇年前のきみの祖先だけで、今の人口の一五〇倍以上ということになります。しかもこれまでに計算したのは、きみの祖先だけ。わたしの祖先、女王の祖先、大統領の祖先はどうでしょう。今生きている七〇億人ひとりひとりの祖先は？　それぞれに、一兆人ずつの祖先がいるのでしょうか？

もっと悪いことに、まだ一〇〇〇年しかさかのぼっていません。その倍の二〇〇〇年前になるとどうでしょう。およそ八〇世代前です。二を八〇回かけあわせると、結果はゼロが二四個もつらなって、地球上の陸地の一メートル四方たらずに何十億人もの人が詰《つ》めこまれる計算になります。人の上に人が、一億層以上も積みかさなるありさまです。

計算まちがいにきまっていますね。では、だれにでも親がふたりいると考えたのが、まちがっていたでしょうか？　いいえ、それにまちがいはありません。ではだれにでもおじいさん、おばあさんがあわせて四人いるというのは、どうでしょうか？　正しいことは正しいのですが、おじいさん、おばあさん四人がぜんぶちがう人だとは限りません。そこが大事なところです。ときには、いとこどうしが結婚《けっこん》することもありますす。そうすると、その子どものおじいさんとおばあさんは四人いますが、ひいおじいさんとひいおばあさんは八人ではなく六人になります（ふたりは共通だからです）。

こうして、いとこどうしの結婚によって、わたしたちの計算上の祖先の数が減りました。いとこの結婚はそれほど多くありませんが、遠い親戚どうしの結婚でも、同じように祖先の数は減ります。計算の結果があれほど大きい数字になってしまった謎《なぞ》の答えは、ここにありました。ということは、わたしたちはみんな、親戚どうしということになります。二〇〇〇年前には、世界じゅうに一億人ほどの人しかいなくて、今生きている七〇億人の人々はすべて、その当時の人たちの子孫なのです。わたしたちは、どう考えても血がつながっています。結婚する人たちはみんな、遠い近いの差はあっても親戚どうしで、自分たちの子どもが生まれる前から、おたがいにとてもたくさんの共通した祖先をもっているわけです。

それと同じように考えていくと、わたしたちはすべての人間だけでなく、地球上のすべての動物や植物とも遠い親戚です。きみはわたしが飼っているイヌとも、昼ごはんで食べたレタスとも、窓の外をスイスイ飛んでいくのが見える鳥とも、親戚なのです。きみもわたしも、そのすべてと共通の祖先をもっています。それについてはまた、べつの機会にお話ししましょう。

47 ふってくる雪がみんなちがうかたちだって、どうしてわかる？

ジャスティン・ポラード（歴史学者）

空からふる雪のひとつひとつのかたちが、みんなちがうらしいと最初に気づいたのは、ウィルソン・ベントレーという人です。一八六五年に生まれたウィルソンは、アメリカのバーモント州という、冬になるととても寒くて雪の多い地方で育ちました。じつをいうと、アメリカという国で一年間にふる雪は、南極もいれて地球上のほかのどの場所よりも多いのです。そのうえ、ウィルソンは寒々とした農場の家で暮らしていました。あまりにも寒かったので、ふってくる雪を小さい黒板の上にとらえ、それを家のなかにもってはいっても、とけないままの雪を見ることができるほどでした。

ところで、ウィルソンのお母さんは古い顕微鏡《けんびきょう》をもっていました。ある日、一五歳《さい》になったウィルソンは、その顕微鏡で雪を見てみようと思いつきます。そして顕微鏡をのぞくと、目をみはりました。雪のひとつひとつが美しい六角形をしていたうえに、どれひとつとして同じかたちのものはなかったからです。

ウィルソン・ベントレーは、雪がどんなに美しいかをみんなに見せたいと思ったのですが、その冷えきった家のなかでさえ、雪はやがてとけてしまいます。そこで、いいことを思いつきました。お父さんにねだって一〇〇ドルもらうと（そのころの一〇〇ドルは大金で、今なら二〇万円以上になります）、カメラと、顕微鏡で見たままの写真をとれる特別な装置を買ったのです。当時、そんなやりかたを知っている人はあまりいなかったので、ウィルソンは一八八五年に世界ではじめて、この方法で雪の結《けっ》晶《しょう》の写真をとることに成功しました。

ウィルソンは一生を通して同じように写真をとりつづけ、「スノーフレーク」・ベントレーと呼ばれるようになりました。ウィルソンがとった雪の結晶の写真は五三八一枚ありますが、すべて、ちがうかたちをしています。夏になって雪がふらないあいだには、かわいらしい少女たちの笑顔《えがお》を写真に残しました。一九三一年の冬、また雪をあつめに遠出《とおで》したウィルソンは、はげしい吹雪《ふぶき》をついて外を歩いたために風邪《かぜ》をひき、まもなく世を去りました。

では、雪のかけらがすべてちがうかたちをしていると考えたウィルソンは、正しかったのでしょうか？

雪はどれも、雲のなかの小さな氷の結晶から生まれ、くるくる舞《ま》いながら地上めざして落ちてきます。そしてそのとちゅうで、だんだんに大きくなっていきます。雪のかたちは、一個の結晶が誕生してから消えるまでの一瞬一瞬《いっしゅん》にいた場所の、まわりの空気の温度や湿《しめ》り気《け》など、さまざまなことに影響《えいきょう》されて変わっていきます。ふたつの雪のかけらがまったく同じにくるくる舞って落ちてくる可能性は、ごくわずかしかありません。

それでも、世界じゅうにはこれまでにたくさんの雪がふってきました。なにしろ、たった一リットルの雪にも一〇〇万個の雪の結晶がはいっているのです。世界でこれまでにふった雪をぜんぶあわせれば、一のあとに〇が五六個もならぶほどたくさんの雪の結晶が空から舞いおりてきたことになります。とてつもない数です。

こんなにたくさんふってきたのですから、そのなかにはまったく同じかたちの雪の結晶もあったでしょうか？　ほんとうのことをいうと、ぜんぶをたしかめた人はいないので、だれにもほんとうのことはわかりません。それでも数学者が計算してみたところ、これまでにふった雪の結晶のなかの二個だけは、「スノーフレーク」・ベントレーの顕微鏡で見れば同じに見えたものがあったかもしれないということです。ただしその二個にも、もっとずっと大型の顕微鏡でくわしく見ると、わずかなちがいが見えたはずです。

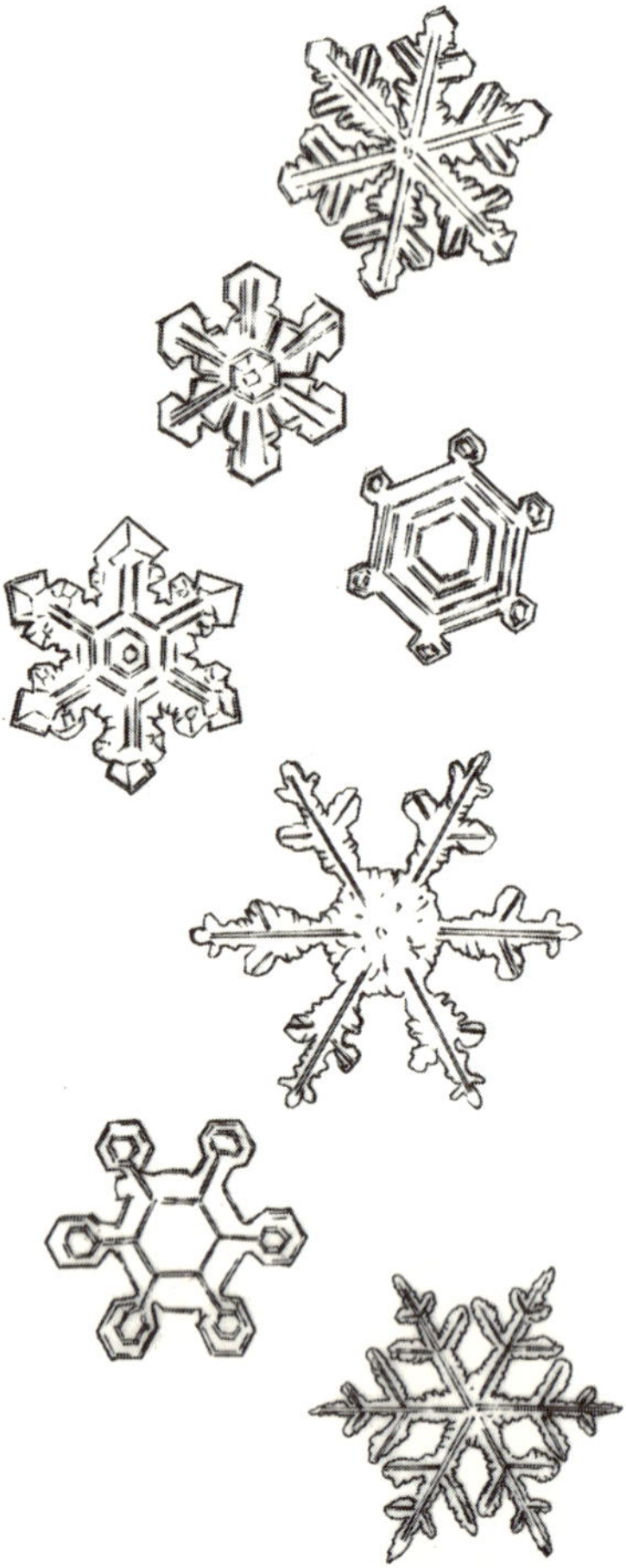

48　時間は、はやくすぎてほしいときには、なぜゆっくりすぎるの？

クラウディア・ハモンド（心理学者、ラジオ番組のプレゼンター）

時間でこまるのは、すぐにゆがむこと、しかもあなたの思いどおりにはゆがんでくれないことね。時計が教えてくれる時間と、あなたの心が感じている時間がちがうのよね。たとえば今すぐ目をとじて、頭のなかで数を数えたりしないで、ただじっとしていてみて。二分もしないうちにあきてしまうでしょう？　時間を長く感じるはずよ。でもテレビで大好きなドラマを見ていれば、二分なんてあっという間《ま》。

学校の授業がもうすぐ終わるころだと思って時計を見たら、まだ半分も終わっていなかった経験はないかしら。退屈《たいくつ》して、時間がはやくすぎてほしいとき、そういうことが起きやすいの。あきてしまうと時間ばかり気にかけるようになるせいよ。一分、また一分って、イライラしながら数えちゃう。でもお気に入りのゲームをしているときは、その逆ね。ゲームに熱中して、時間のことなんかすっかり忘れている。ゲームを心から楽しんでいるのね。楽しく感じているときには、時間がはやくすぎる。夜寝《ね》る前の一時間を思いだしてみて。まるで時間が消えちゃうみたい。

時間がはやくすぎてほしいとき、ゆっくりすぎる理由は、脳が時間をはかる方法にあるの。ただし、ものを見るには目、音を聞くには耳があるけど、時間をはかるためだけに使うからだの部分はないから、正確にどうやっているかは、まだだれにもわかっていない。それでも人は、一分の長さをあてるのがおどろくほど得意よ。あなたも家で試《ため》せるから、だれかに手伝ってもらって、やってみてね。

脳は、からだの脈動《みゃくどう》を数えて時間をはかると考えている人もいる。脳はとても活発で、わたしたちが退屈していても、なにもしていないと思っていても、ちゃんと働いている。科学者たちは、人があきあきして時間を気にしはじめると、その脈動がはやくなると考えているの。そして心がその脈動を数えるから、じっさいよりも長く時間がすぎたと思ってしまう。つまり、おもしろくない授業がまだつづいているってことになる。はやくすぎてほしい時間が、かえっておそくなる。

時間のことになると、わたしたちの感じかたはほんとうに奇妙《きみょう》ね。死ぬほど退屈で、なにもしない日、たとえば病気で寝ていたりすると、時間はゆっくりすすむでしょう？　ところがあとになって病気だった週を思いだしてみると、こんどはとってもはやくすぎたように思えてくる。新しいことをなにもしなかったから、その週のことが記憶《きおく》にほとんど残っていなくて、ふりかえると短く感じるからなのよ。時間はふしぎなもので、いつまでたってもすっかり慣れることはなさそうね。

49 世界ではじめて金属のものを作ったのはだれ？

ニール・オリヴァー（考古学者）

金属の道具ができるずっと前、人々はあらゆる種類の石を使って、必要なものをたくさん作っていた。こうして何十万年、何百万年ものあいだ、役に立ちそうな岩のかけらや小石をさがそうといつも目をこらしていたものだから、人間はいろいろな種類の石を見分けるのがとてもうまくなった。

そうしているうちに、探求心《たんきゅうしん》がいっぱいの人たちは、日光があたるとキラキラきらめいたり、ぜんたいが光ったりする石があることに気づいた。たぶん、川の浅瀬《あさせ》で水のなかにキラリと光るものが見えたり、がけや巨大《きょだい》な石の表面に輝《かがや》くすじがはいっているのを見つけたりしたのだろう。川のなかで光っていた小石には、小さな金塊《きんかい》がまじっていることがあった。いろいろ試《ため》してみて、二個のかたい石を使ってこの新しい、光るものをたたいてやれば、かたちが変わることがわかったにちがいない。

はじめて金《きん》を使ってなにかが作られたのは、今から六〇〇〇年ほど前のことだと考えられている。「道具」と呼べるものを作ったわけではない。ごくはじめに金で作られたのは、飾《かざ》りものや、幸運のお守りのように、たいせつにあつかうものだったようだ。

自然のなかにかたまりで見つかるもうひとつの金属に、銅《どう》がある。銅の場合、冷たいままでも金と同じようにかたちを変えられるばかりか、熱い火にかざしてあたためてやれば、もっとずっとかんたんにかたちが変わるようになる。料理をしているたき火のなかに、なにかのはずみで、ちょっとした銅のかたまりが落ちてしまうこともあっただろう。観察力のある人なら、熱くなった銅は、まるでバターみたいにやわらかくなることにすぐ気づく。

おもしろいのはここからだ。銅はかたまりで見つかるだけでなく、石のなかにもまじっていて、そういう石の表面には青や緑のキラキラ光るすじが見える。そんな石が落ちていればきれいで、すぐ目にとまるから、人々はひろって家にもちかえることも多かった。

そうして家まで運ばれた石が、やがていろりのなかや、陶器《とうき》を焼くかまにいれられたのも容易に想像できる。偶然《ぐうぜん》のこともあれば、実験してみるつもりのこともあっただろう。火がじゅうぶんに熱ければ、めずらしい青緑の石から、ドロドロした銅がとけだすこともあった。はじめてそんな様子を目にした人は、どんなにびっくりしただろう。そして、どれほど忘れられないできごとになっただろう。

まわりの様子に目をくばる人はどこにでも必ずいるから、人間の歴史の数千年のあいだには世界のあちこちで、何度も何度もそんな発見があったと考えられる。地中海の東のはし、だいたい今のトルコのあたりで暮らしていた人々は、七〇〇〇年前には、もしかすると八〇〇〇年くらい前から、銅で道具を作っていた。ほかの場所でも金属の作りかたをおぼえた人たちがいて、六〇〇〇年前までには今のブルガリアの地で、少なくとも五〇〇〇年前までには今はパキスタンになっている場所で、さかんに金属の道具が作られるようになっていた。

50 炭酸《たんさん》の飲みもののなかに、泡《あわ》はどうやってはいるの？

スティーヴ・モールド（科学番組コメンテーター）

砂糖が水にとけるのは知っているね？ 砂糖の粒《つぶ》を作りあげている、とっても小さいものが、バラバラになって水のなかに散らばっていってしまう。その小さいものは砂糖の分子《ぶんし》といって、道具を使わなければ見えないほど小さいものだ。だから砂糖の粒が、まるで消えてしまったように思えるわけだ。

さて、気体《きたい》の泡も同じようにとかすことができる。ただし、泡を水にとかすためには、思いっきりちぢめてやる必要がある。つまり、大きな圧力《あつりょく》をかけて泡をつぶすんだ。だから炭酸の飲みもののふたをあけると、シュ――ッっていう音がする。あれは圧力がぬけていく音だよ。

圧力がなくなったらどうなると思う？ それまで水にとけていた小さい分子が、集まってもとに戻《もど》り、また泡を作る。ふたをあけたら大いそぎで飲めば、泡が山ほど胃《い》のなかにはいって、それからふくらんで、思いっきり大きいゲップになる！

51　空はどうして青いの？

サイモン・イングス（サイエンスライター）

でもね、ほんとは空は青くなんかないんだ。なにはともあれ、空に青いものはないし、青い色もついていない。目の錯覚《さっかく》っていうやつだな。

空高くにも、ぼくたちのまわりにも、いろんな種類の気体《きたい》がいっぱいある。酸素《さんそ》とか、窒素《ちっそ》とか、二酸化炭素《にさんかたんそ》とか。そのほかに、空気中にはちりも水蒸気《すいじょうき》も胞子《ほうし》もあるし、フワフワ浮かんで暮らすとっても小さな動物だっている。

太陽の光は、なにかにぶつかると、はねかえる。月みたいに大きいものは、光をとってもよく反射《はんしゃ》する。月の表面にあるちりは暗い色をしているけど、光をしっかり反射する性質をもっているから、月は夜空であんなにも明るく輝《かがや》く。でも、こまかい気体の分子《ぶんし》は小さすぎて、鏡の役目をはたせない。そのかわりに、光をいちど吸収しておいてから、こんどは好きかってな方向に送りだしている。ということは、空気中にあるひとつひとつの分子が光を発していて、こまかく、チラチラ光っていることになる。

ひとまず、光が音だったらどうなるか考えてみよう。太陽の光を音にたとえると、きまった高さのひとつの音を、ひとつの楽器だけで演奏しているわけじゃない。巨大《きょだい》なオーケストラが、想像できるかぎりのあらゆる高さの音を、あらゆる大きさでいっぺんに演奏しているみたいなものさ！　ぼくたちの目に見えているのは、この音楽のほんの一部だけだ。ちがう高さの光がいろんな色に見える——藍《あい》色、青、緑色、黄色、オレンジ色、赤、紫《むらさき》色。

空気の分子は、青い光をとてもかんたんに吸収し、それと同じくらいかんたんに、いろんな方向に送りだす性質をもっている。だから、青い光が空じゅうに散らばって（光があちこち散らばることを、光が「散乱《さんらん》」するというんだが）、あらゆる方向からぼくたちの目に飛びこんでくるんだ。どこを見ても青い光が目に届く。空ぜんたいが青く見えるのは、そういうわけだ。

そのほかの色は、地球の大気によってそうかんたんには散乱しない。どちらかというとまっすぐすすんでくる。ところで、太陽をまっすぐ見つめたりしちゃ、ぜったいにだめだぞ。そんなことをすると、太陽からやってくるすべての色が（空の青だけは少し減っているとはいえ）ぜんぶいっぺんにきみの目の奥《おく》にぶつかる。それだけ強い光は、きみの目をすっかりいためつけてしまうから。

火星の大気に、もっとたくさんの気体があれば、火星の空も青いはずだった。でも実際には、地球と同じように光を散乱させるほどの気体はない。だから火星に立って上を見ると、日光の色そのままに白っぽく、ちりで少しベージュがかった空が広がっているはずだ。

52　スポーツ選手は、観客がうるさいとき、どうやって集中するの？

コリン・モンゴメリー（プロゴルファー）

わたしはゴルファーで、ゴルフにはほかのスポーツとちょっとちがうところがあります。ひとりで戦うスポーツのうえ、気もちによって結果が大きく左右されるからです。個人のトーナメントでは、そのときそのときの自分の動きにせいいっぱい集中しなければならないので、まわりの音はほとんど聞こえません。それにゴルフの観客のほとんどは、とても知識が豊富で、礼儀《れいぎ》正しいのです。たくさんの観客があとからついてきて、さわがしいとしても、それは自分のプレーがさえている証拠《しょうこ》ですから、文句を言うことではありません。

ライダーカップのような団体戦ともなると、観客の数はいっきにふくれあがります。ときには声をそろえて応援《おうえん》し、歌い、叫《さけ》び、まるでサッカーのスタジアムのようににぎやかになることもあります。それがホームの観衆なら、よいプレーをしようという励《はげ》みになり、アドレナリンも出てきます。観衆から自分の名前を呼ぶ調子のよいかけ声が聞こえてくるのは、ほんとうに最高の気分です。でもアウェーの観衆にはものすごくイライラさせられるし、なかにはとても意地悪な観客もいて、プレーに集中するのがよけいにむずかしくなってしまいます。でもそういうとき、叫び声が自分にむけられていると思って落ちこんだりしてはいけません。ただ聞かないようにしてやりすごすか、逆に「やってやる」と力をふるいたたせ、もっとよいプレーをする糧《かて》にします。

集中するためには、まわりで起きていることをすっかり忘れてしまうのがいちばんです。自分の次のショットのことだけを考えます。観客を信頼《しんらい》する気もちを忘れないようにし、バックスイングでクラブを振《ふ》りあげる瞬間《しゅんかん》やパットを打つ直前に、叫び声を上げる観客などひとりもいないはずだと考えます。

たくさんの観客に見られる経験を何度もするにつれて、集中するのはかんたんになっていくようです。観客のほうから聞こえる応援やさわがしい音にも慣れ、そうだ、自分が何年もきびしい練習を積んできたのは、まさにこの環境《かんきょう》でプレーするためだったのだと、思いだすことができるようになります。いちばんになりたいなら、観衆に自分のプレーを見てほしい、励ましてほしいと思うはずです。だってみんなが見てくれるのは、自分のプレーがうまくいっているとき、もしかしたら優勝のチャンスだってあるときなのですから。

53 サルとニワトリに共通点はある？

ヤン・ウォン博士（進化生物学者、科学番組コメンテーター）

きみが考えているより、共通点はずっと多いと思う。まず、外からどう見えるかを考えてみよう。どっちにも、いちばん前（ふたつの目、口、脳などがついた頭）と、いちばんうしろのはし（肛門《こうもん》としっぽ）がある。二本の脚《あし》と（ひざも指もついている ね）、二本の「腕《うで》」もある。たしかにニワトリの「腕」は、飛ぶために見かけが少しちがっていて、「翼《つばさ》」という特別な名前もついている。でも、こんどローストチキンを食べたら、のこった翼の部分の骨をよーく見てごらん。大きさやかたちはちがうけれど、きみやサルの腕と同じ骨がそろっているはずだ。

生物学者はこうして、いちばんおおもとが似ていることを、相同性《そうどうせい》（ホモロジー）と呼んでいる。それは見た目ではなく、からだのなかをしらべれば、もっとはっきりすることだ。たとえば、サルとニワトリには同じ働きをする同じ内臓《ないぞう》（肺《はい》、心臓《しんぞう》、肝《かん》臓、腎臓）がある。顕微鏡をとおして覗くと、共通点はもっと多い。からだのもとになっている細胞《さいぼう》はどちらも同じで、その働きもほとんど同じだ。もっと大きくして見てみよう。生命の化学反応《かがくはんのう》をコントロールしている、ものすごく小さい分子《ぶんし》をしらべると、そのほとんどは、ほぼ同じに見える。

サルとニワトリがこれほどたくさんの共通点をもっているのには、ちゃんとわけがある。祖先が同じだからなんだよ。サルとニワトリの祖先は、三億年くらい前にいたトカゲのような生きものだ。この共通の祖先から、どっちも同じDNAを受けついでいる——DNAは、生きものの設計図だと思えばいい。サルとニワトリの見かけが少しちがっているのは、長い年月のあいだに、設計図がほんのちょっとだけ変化したせいだ。

じつをいうと、生きものはみんな親戚《しんせき》だ。動物はみんな、サルも、ニワトリも、ぼくたち人間も、たとえば「木」と同じ祖先をもっている。ぼくたちは自分に木との共通点があると思ってはいないよね。だって共通の祖先が生きていたのは、もう一〇億年以上も前の話だから。でも、生きることの土台になっているいちばんこまかい部分に目をこらして見れば、それはだれの目にもはっきりわかることだよ。

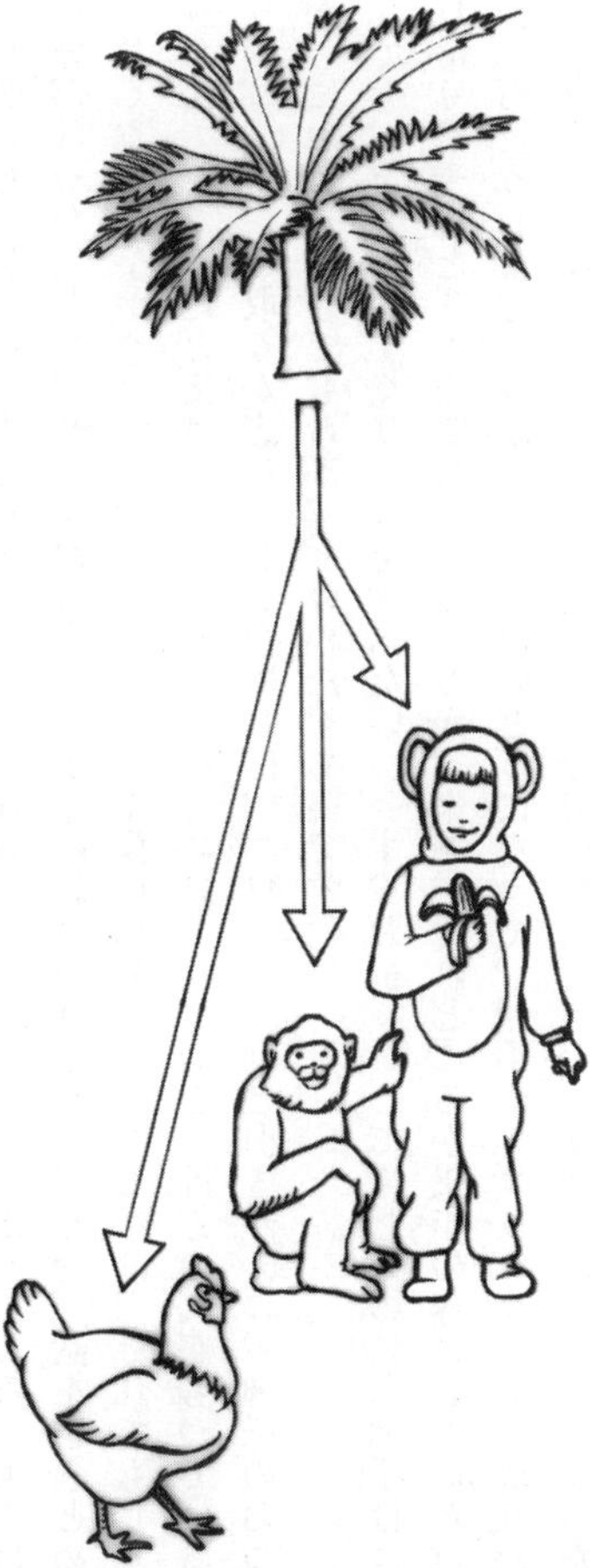

54 人間はどうやって文字を書くことをおぼえたの？

ジョン・マン（歴史作家）

むかしむかし、そのまたむかし、まだだれも書くことを知らなかったころ、人々は自分が言ったことを、ぜんぶおぼえておかなければなりませんでした。話を書きとめておく方法がなかったからです。ごく素朴《そぼく》な暮らしをしていたころは、それでもじゅうぶんでした。たとえば、自分が飼っているニワトリ一羽を、近くの人がもっているリンゴ一かごと取りかえる、さもなければ、ニワトリ一羽と引きかえに、神様のおつかいにお祈《いの》りをしてもらう、といったぐあいです。

でも、自分は今すぐリンゴを食べたい、今すぐお祈りをしてほしいのに、相手はニワトリを受けとるのを明日にしたいとか、来週、それどころか来年の春にしたいと言ったらどうしましょうか？　もしそのときになって、相手が「ニワトリ二羽と取りかえるはずじゃないか！」と言いだし、自分ではなんと言ったかよく思いだせなかったら？　だれがこう言った、だれがああ言った、いつ言った、だれに言ったと、たえず争いごとが起きたにちがいありません。

　文字を書くことがどんなふうにしてはじまったかを知るには、一万年ほど逆戻《ぎゃくもど》りして、今では大部分がイラクに含《ふく》まれている、メソポタミアという場所に目をむける必要があります。そこはとても暑いところで、チグリス川とユーフラテス川という、ふたつの大きな川が流れていました。メソポタミアというのは、「二本の川のあいだ」という意味です。大きな川は、食べものを手にいれるのにも、ものを運ぶのにも好都《こうつ》合《ごう》です。作物に川の水をやって、できた作物を舟《ふね》で運べるし、町の飲み水にもこまりません。

　メソポタミアはとても広くて、しくみの入りくんだ、豊かな国だったので、人々は毎日のできごとを記録しておく必要がありました。とりわけ、神のつかいとされていた神官《しんかん》たちにとっては、それがたいせつなことでした。ひんぱんに洪水《こうずい》が起きる土地の、その足もとの土のなかに、記録に使えるものがありました。粘土《ねんど》です。粘土を小さく丸めてやわらかいボールを作ると、アシという植物の茎《くき》をけずったペンを使って、「ニワトリ二羽」、「ヒツジ七頭」といった意味のしるしを、かんたんにつけることができました。今でも同じことができます。泥《どろ》を少しと、木の枝が一本あればじゅうぶんです。

ペンの先は三角になっていたので、書いた文字も三角になりました。そういう文字は「くさびがた文字」と呼ばれています。くさびというのはVのかたちをした道具ですから、くさびのような三角形の文字という意味です。粘土のボールを炉《ろ》で焼いて、かたくなったものを部屋にとっておけば、それから何か月先、何年先でも、争いごとをさけることができました。

のちに、こうしてできた文字を書くことを仕事にした人たちは、話す言葉をひとつ残らず書きとめるために、たくさんのちがう記号を作ることをおぼえました。戦争の報告、王様とお役人の名簿《めいぼ》、親が子どもに話して聞かせる物語など、さまざまなものを記録として残しておくことができるようになりました。これまでに学者たちがこのような粘土のメモ帳を何万個も掘《ほ》りだし、どの記号がどんな意味なのか、わかるようになっています。

ときがたち、べつのふたつの大きな川のほとりでも、広々とした場所で人々が豊かに暮らすようになりました。そのひとつはエジプトのナイル川です。今からおよそ五〇〇〇年前に、エジプトの神官たちは、またべつの記号を作りました。神々をまつる巨大《きょだい》な建物の壁《かべ》や、アシから作った紙のようなものに、絵をならべた文字を使って神様と王様の物語を書きのこしました。この文字は「ヒエログリフ（聖刻文字《せいこくもじ》または神聖文字《しんせいもじ》）」と呼ばれています。

それから二〇〇〇年後の中国では、長江《ちょうこう》という大きな川のまわりに都市が生まれました。そこでは神につかえる人たちが、とても変わったことをしていました。カメの甲羅《こうら》を火であぶり、ひび割れができるのを待って、今では紅茶の葉で占《うらな》いをする人がいるように、ひび割れのかたちを見て占いをしたのです。そして、占いの結果をひび割れのそばに彫《ほ》りこみました。このとき刻《きざ》まれた記号が、今あるすべての漢字のおおもとです。このようにひび割れたカメの甲羅は、何百個も見つかっていて、そこに残された三〇〇〇年前の記号のいくつかが、今でもまだ使われていることがわかります。

55 科学者がバイ菌《きん》をしらべるのはなぜ？　わたしには見えないのはなぜ？

ジョアン・マナスター（生物学者、科学教育者）

バイ菌というのは、わたしたちの病気のもとになる細菌《さいきん》（バクテリア）やウイルスのことですね。ものすごく小さくて、虫めがねを使っても見えないような生きものを、ほんとうに恐《おそ》ろしいと思うことがあるなんて、おどろきだとは思いませんか？

わたしたちの目がはっきり見分けられるのは、二〇〇マイクロメートル以上の大きさをもつものだけで、髪《かみ》の毛一本の太さがちょうどそのくらいです。細菌のほとんどは一マイクロメートルくらいの大きさだから、髪の毛の太さには、二〇〇個がならぶという計算になりますね。

光学顕微鏡《こうがくけんびきょう》を使えば細菌を見ることができます。そうすると、みんながバイ菌と呼んでいるものには、小さいボールのかたちをしたものや、棒のようなもの、らせんに見えるものがあるのがわかります。一個だけのものもあるし、いくつもつながって鎖《くさり》のように見えるもの、いっぱい集まってかたまりになっているものもあります。とくべつな色素《しきそ》を使うと、ふしぎなことに、紫《むらさき》に染《そ》まるものと、ピンクに見えるものの二種類に分かれます。

もっと強力な顕微鏡を使えるようになった科学者たちは、細菌のまわりの壁《かべ》にちがいがあることに気づきました。このちがいは、それぞれの細菌が人間を病気にしやすいかどうかのヒントになっています。細菌のなかには、さまざまな作りを利用して、人間をとても重い病気にしてしまうものがあります。「しっぽ」がついている細菌は、そのしっぽを使って泳げるので、かんたんに細胞《さいぼう》にとりつくことができます。まわりじゅうに短い毛がはえている細菌もあり、その毛はほかの細胞にくっつくのに役立っています。たとえばあなたの喉《のど》の細胞にもくっついてしまうのです。ネバネバした湿《しめ》り気《け》のある膜《まく》でおおわれているものは、乾燥《かんそう》した場所でも長く生きることができます。

科学者たちが細菌の構造をどんどんくわしく知るようになると、ちがう種類の細菌をバラバラにこわせる薬を考えだして、わたしたちのからだが病気と戦うのを手助けできるようになりました。

たとえば、皮膚《ひふ》の傷が細菌に感染《かんせん》してしまったとき、お医者さんに行くと、抗生物《こうせいぶっ》質《しつ》をもらえるでしょう。次にべつの病気になり、喉がヒリヒリしてがまんできないときや、おなかがどうしようもなく痛いときなどには、またべつの抗生物質をもらうかもしれません。お医者さんはたいてい、症状《しょうじょう》を見てどんな細菌に感染しているかがわかり、どの薬ならその細菌をやっつけられるかを知っているからです。そうした薬は、細菌の構造をこわしたり働きをとめたりするように作られていますが、それは細菌をとてもくわしく、こまかいところまで見てわかったことをもとにしているのです。

お医者さんに行っても抗生物質をもらえないときは、ウイルスに感染しているのかもしれませんね。ウイルスは細菌よりもっと小さくて、見た目も動作もちがっていて、細菌をやっつけるための薬はまったく役に立ちません。

56 お月さまのかたちはどうして変わるの?

クリストファー・ライリー教授(サイエンスライター、コメンテーター)

宇宙ではなにもかも、ほんとうになにもかもが、いつも動いているんだ! 地球と月も、もちろん動いている。今この瞬間《しゅんかん》、きみがこの本を読んでいるあいだだって、きみも、本も、きみの家も、家の前の道も、近所の家も、知ってる人も、みんな秒速二七キロメートルをこえる猛《もう》スピードで宇宙空間を突《つ》っ走《ぱし》っている。太陽をめぐる地球に乗って。

きみの部屋の窓から月が見えるなら、ゆっくりながめ、月も地球のまわりを秒速一キロメートル以上のはやさでまわっていることを思いだそう。動いているようには見えないから、信じられないのはわかる。でもそれは、月がとっても遠いところにあるせいだよ。およそ三八万五〇〇〇キロメートルもはなれていて、それは地球を一〇周もできるくらいの距離《きより》だ。

月は地球からこんなに遠くはなれているから、地球をひとまわりするのにだいたい一か月かかる。そのあいだにかたちが変わって、弓のようなごく細い曲線から、三日月《みかづき》、満月《まんげつ》へ、そしてまたほっそりした弓形《ゆみがた》になって、最後のひと晩はすっかり見えなくなってしまう。このひとめぐりに一か月かかることには気づいているかな？　こんなにどんどん変わっていくなんて、どうしてだろう？　なにか思いつくことはある？　そうだ、とにかく、実験をしてみることにしよう。

実験には、宇宙空間のように暗くできる部屋が必要だ。それから電気スタンド（太陽のかわり）とリンゴ（月のかわり）を用意する。きみは地球の役だよ。

まず部屋のすみに太陽（電気スタンド）を置き、そのスイッチをいれてから、ほかの電気はぜんぶ消してしまう。きみはリンゴを手にもって立ち、腕《うで》をまっすぐ前にのばして、目の高さに上げたリンゴを太陽のほうにむける。

光はリンゴのむこう側だけにあたっているから、きみから見えるリンゴは、ぜんたいが暗いはずだ。次に、その場で少しずつ左にむきを変えていき、ひとまわりの八分の一だけ（四五度）まわったところで止まる。腕をまっすぐ前にのばしたまま、月（リンゴ）をずっと目の高さにしておくんだよ。さあこんどは、どんなふうに見える？　右側から光があたっているきみの「月」は、三日月形に見えるよね？

また四五度だけ左にむきを変えてみよう。月は太陽（電気スタンド）で半分だけ照らされているはずだ。腕を前にのばしてリンゴを目の高さにもったまま、また左に、こんどは九〇度むきを変えてみる。太陽はまうしろにきたね。そしてリンゴがきみの影《かげ》にはいってしまっていないかぎり、見える側ぜんたいが明るく照らされている。ちょうど満月のように。リンゴを目の高さにしたまま、また少しずつ左にむきを変えていけば、こんどは月の明るいところが減りはじめる。まず半分になり、逆むきの三日月形になり、最後にははじめと同じ場所に戻《もど》って、ぜんたいが暗くなる。

今やってみたのとまったく同じことが、地球のまわりを秒速一キロメートル以上でまわっている月にも起きているんだ。ほんとうに！　夜空に見える月はたいらな円盤《えんばん》のように思えることもあるけど、こうやって実験してみると、地球みたいにボールのかたちをしていて、ひとつの方向からだけ太陽に照らされていることもわかるね。

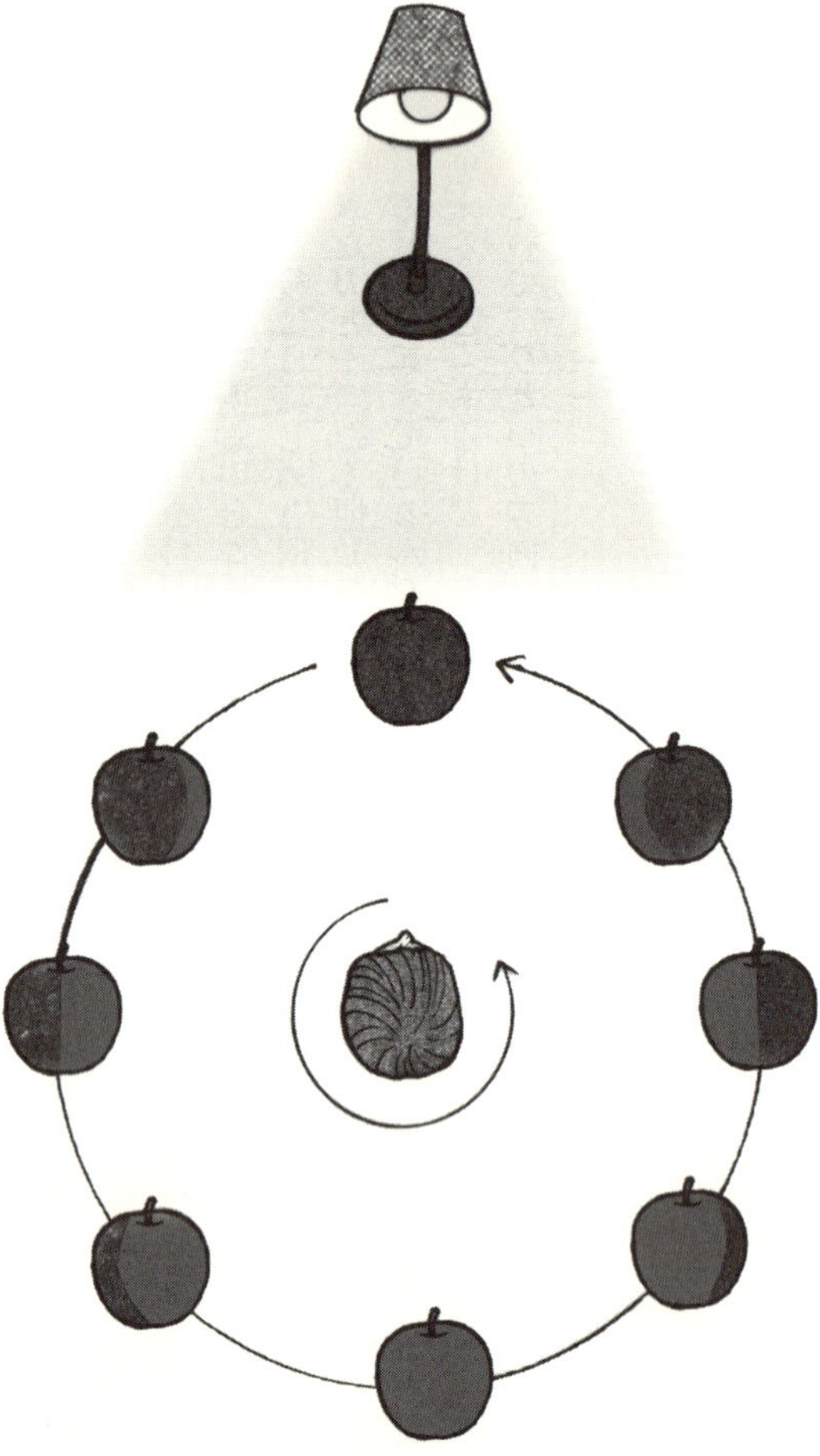

57 数字は永遠につづく?

マーカス・デュ・ソートイ(数学者)

わたしの好きな数字のわらい話が、この質問の答えに役立ちます。

算数の先生が生徒たちに質問しました。

「世界でいちばん大きい数字はなんですか?」

ひとりの生徒がすぐに手をあげ、大きな声で答えました。

「一兆」

「一兆一はどうなる?」と、先生はその生徒にたずねました。

「それなら、ぼくのは、正解にすごく近かったね」

生徒は自信たっぷりに、胸をはりました。

この話がおもしろいのは（わらい話を説明してしまっては、おもしろさが台無しですけれどね）、先生の言った「一兆一」がほんとうにいちばん大きい数字だと、生徒が思いこんでいるところです。先生が教えようとしたのは、「数字は永遠につづく？」という質問の答えなのですが。

数字が永遠につづかないとしたら、いちばん大きい数字がどこかにあるはずです。でももし、いちばん大きい数字があると言われたら、この先生と同じ手を使えます。その数字に一を足せば、もっと大きい数字になります。

数字を使いはたすことはありません。永遠につづきます。

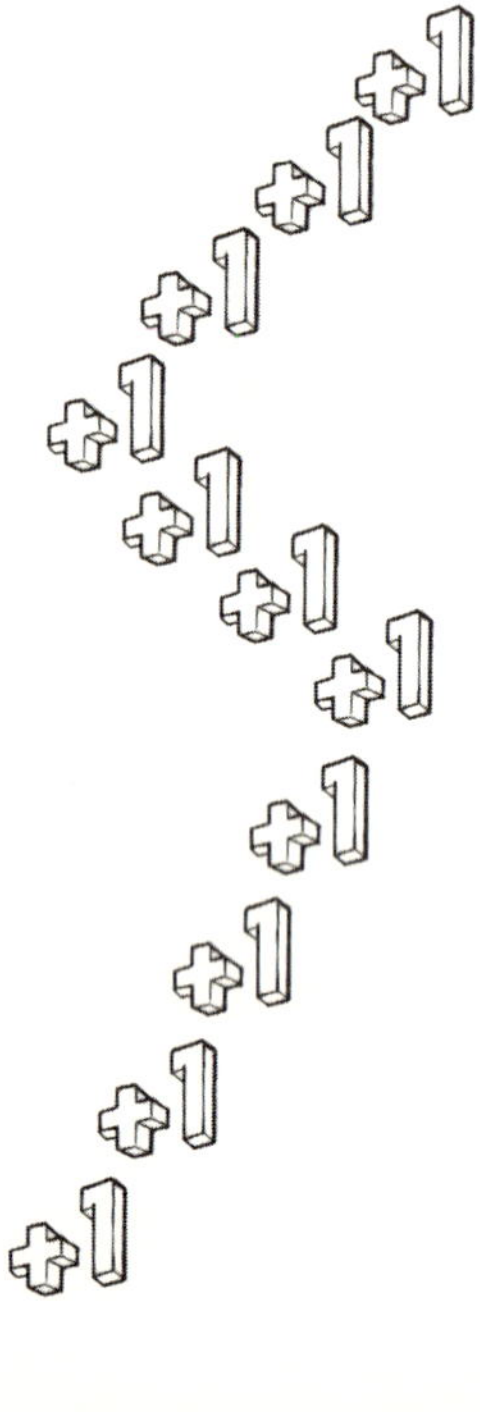

58 最初の種子《しゅし》はどこからやってきた?

カレン・ジェームズ博士（生物学者）

「植物」と聞くと、花とか、木とか、たぶん草の生えた原っぱなんかを思いうかべるでしょうね? こういう植物はぜんぶ種子から生えます。そして、種子を作ります。でも、種子から生えない植物の種類もあるんですよ。シダやコケには種子も花もなくて、胞子《ほうし》を使って繁殖《はんしょく》します。胞子も種子のようなものですが、いくつかの大きなちがいがあります（これについては、あとでわかります）。そのほか、藻類《そうるい》という水のなかで生きる植物には、種子も胞子もありません。でもちゃんとほかに繁殖する方法をもっています。

三億五〇〇〇万年ほど前、それまで地面にはりつくように生えていたコケ類の大群にかわって、木のように大きいシダ類の堂々とした森が、あたり一帯をおおうようになりました。昆虫《こんちゅう》やクモに似た生きものが忙《いそが》しそうに走りまわり、こうした植物のおかげで手にはいる食べものとすみかを利用していました。水に住んでいた一部の魚は、ひれが脚《あし》に進化して、陸の上を歩けるようになっていきました。こうした動物たちは、両生類《りょうせいるい》——アマガエル、ヒキガエル、イモリなどの祖先——になりました。

一部のシダに似た植物の胞子がもっと大きくなって、なかにでんぷん質の栄養源をたくわえ、水をとおさない殻《から》をもつように進化したのは、このころのことです。それが最初の種子でした。栄養源は、きびしい環境《かんきょう》でも生まれたての植物がある程度まで育つのに役立ち、水をとおさない殻は、乾《かわ》ききった住みにくい場所でも生きのこるのに役立ちました。胞子では生きのこれない場所でも、種子は生きのこり、芽を出すチャンスが生まれたのです。

博物学者のチャールズ・ダーウィンは、有名な『種《しゅ》の起源』という本を書いていたとき、イギリスのケント州にあるダウンハウスという家で実験をしました。それは、さまざまな種子が海水につかったままでどれだけ長く生きていられるか、という実験でした（ほとんどの種子は真水《まみず》が好きで、海水は住みにくい場所とみなされています）。この実験の結果から計算して、ダーウィンは種子が海をわたってどれだけ遠くに流れつくことができるかを判断しました。ダーウィンの時代には、これはとてもたいせつなことでした。たとえば絶海《ぜっかい》の孤島《ことう》のような場所では、植物がもしそこで作られたのではないとすれば、どのようにして育つことができたのかわからなかったからです。ダーウィンは、植物が種子のときに海をわたって島にたどりつき、たどりついたあとで、新しい種に進化していけたことを明らかにしました。

水をとおさない殻のおかげで、種子は乾燥《かんそう》した場所や海水のなかで生きのこれるだけでなく、ときには気が遠くなるほど長い時間、生きのこることもできます。二〇〇五年には、イスラエルの科学者たちが、二〇〇〇年も前の種子から芽を出させることに成功しています！

大むかしに、できたばかりの種子植物が広く栄えるようになったのは、種子にこのような大きな強みがあるからです。こんど草地を歩くとき、木綿《もめん》のシャツを着るとき、オートミールを食べるときには、身のまわりの植物の祖先を思いうかべてみてくださいね。そうした植物は、エネルギーをたくわえ、防水のコートを着ることによって、何千、何万種類もの美しくて役に立つ種類に進化し、今こうして地球で人間とともに生きているのです。

59　オリンピックに出たいなら、なにをしなくちゃいけない？

ジェシカ・エニス（アスリート）

いっしょうけんめい練習すること。
自分のからだと心を、どちらもたいせつにすること。
うまくいかなかったときのことを、クヨクヨ考えないこと。
うまくいく日は、もうすぐそこまで来ているから。

60 世界最初の芸術家はだれ？

マイケル・ウッド（歴史家）

すばらしい質問だ。しかも、ちょうどおどろくような発見があったばかりで、タイミングがいい。

最近、南アフリカの海辺に近いブロンボスの洞窟《どうくつ》で、先史《せんし》時代の絵の具の道具一式が見つかったんだ。九万年以上も前のものらしい！ 赤と黄色の絵の具がはいった貝《かい》殻《がら》といっしょに、砥石《といし》や絵の具をまぜる骨のヘラもあった。この絵の具の道具を作った人たちは、指を使って、自分たちのからだや洞窟の壁《かべ》に絵を描《か》いたのではないかと考えられている。

人間には、なによりもすばらしい創造力があるから、言葉を話すようになる前から絵を描き、木や石に彫刻《ちょうこく》を彫《ほ》ったり、削《けず》ってかたちを変えたりしていたにちがいない。でも、いちばんはじめの芸術家というと、だれになるのだろう？

世界じゅうで見つかっている先史時代の絵は、たいていがとても印象的で、当時の人々ののびのびした想像力を見せてくれる。オーストラリアの先住民が描いた迷路のような幾何学模様《きかがくもよう》、インドの神秘的な宇宙の図、南フランスの洞窟にある、いきいきした狩《か》りの場面を見れば、芸術作品そのものがもつふしぎな力がわかると思うな。こういう絵は、祖先からぼくたちへのメッセージだ。大むかしの祖先は、まわりのいろいろな世界や広い宇宙のなかで自分たちがどんなふうに生きているかを、あとからくる人たちに伝えたかった。それで、絵を描きたいという思いにかられたんじゃないかな。

ざんねんながら、だれが最初の芸術家だったかはわからない。でも、先史時代の人々はまちがいなく芸術家だった。「ホーレ・フェルスのヴィーナス」と呼ばれている、女性の姿をあらわしたちいさな古代彫刻を例にとってみよう。二〇〇八年に発見された。高さはたった六センチメートルしかなくて、マンモスの牙《きば》で作られている。でもその像をじっと見ていると、これを彫った人は、信じられないくらいこまやかな心のもち主だったんだろうなあと想像できる。四万年前に作られたもので、そのころに芸術が、たぶん音楽も、大きく発達したらしい。

じゃあ、最初のすばらしい芸術作品はどれなのかな？　あまりたくさんあってえらぶのはむずかしいけれど、ぼくが好きな先史時代の絵は、スペインのアルタミラの洞窟にある壁画《へきが》だ。まだ子どものころにはじめて見たとき、なんてすてきな絵なんだろうと思った。今見てもまだ、心がふるえるような気がする。動物たちがみごとに描《えが》かれていて、黒でふちどられた、あざやかな深いオレンジ色の野牛は、今にも動きだしそうなんだよ。

一九世紀にこの壁画が発見されたとき、現代人が描いたニセモノにちがいないと言った人たちがいたそうだ。先史時代の人たちに、こんなすばらしいものを描く技術や知性や洞察力《どうさつりょく》なんかあるはずがないと思ったからだって。それは、まったくの思いちがいだね！

61 わたしは、なにでできているの？

ローレンス・クラウス教授（素粒子《そりゅうし》物理学者、宇宙学者）

きみは星くずでできている。星くずのようなもの、といってもいい。

きみのからだのなかにあるもの、きみのまわりにあるものすべてを作っているのは、とても小さい、原子《げんし》というものだ。原子には、元素《げんそ》と呼ばれるいろいろな種類がある。水素《すいそ》、酸素《さんそ》、炭素《たんそ》が、きみのからだにあるいちばんたいせつな三つの元素だ。

じっさいには、きみのからだの細胞《さいぼう》のほとんどは水でできている。きみの九〇パーセントくらいは水なんだよ。水の分子《ぶんし》には、二個の水素原子（軽い原子）と一個の酸素原子（水素より重い原子）がはいっている。

でもその原子は、じつはもっと小さいものでできていることがわかった。原子を作りあげているのは、陽子《ようし》、中性子《ちゅうせいし》、電子《でんし》と呼ばれる小さい小さいものだ。ところがその陽子と中性子は、さらに小さいクォークというものでできている。これまでにわかっているかぎりでは、電子とクォークを、それ以上小さいものに分けることはできない。

それなら、どうしてきみは星くずでできているといえるのかな?

ぼくたちの宇宙は、一三〇億年以上も前に、ビッグバンという大爆発《だいばくはつ》からはじまった。でもその爆発では、陽子と中性子と電子から、とても軽い元素だけが生まれた。もっと重い、ぼくたちのからだになくてはならない酸素や炭素などの元素ができたのは、恒星《こうせい》の中心のもえさかる炉《ろ》のなかだ。恒星の中心はとほうもなく熱くて、温度が数億度にもなるからね。

星でできた元素が、どうやってきみのからだのなかにはいったのだろうか? そういう元素が、ぼくたちの暮らす地球のあらゆる物質《ぶっしつ》を作るようになったのは、大むかしにいくつかの恒星が爆発して、中心にできていた重い元素をまわりの宇宙空間にまきちらしたからだ。それからしばらくして、今から四五億年ほど前、ぼくたちの銀河《ぎんが》のこの場所で、宇宙をただよっていた物質がおたがいを引きあって収縮《しゅうしゅく》をはじめた。こうして太陽が生まれ、そのまわりに太陽系が誕生し、地球の生命を作りあげる物質もできた。

だから、今、きみのからだを作りあげている原子のほとんどは、星のなかでできたものなんだ！　きみの左手にある原子は、もしかしたら右手にある原子とはちがう星からやってきたのかもしれない。きみはまぎれもなく、星のこどもだ。

62 ペンギンは南極にいるのに北極にいないのはなぜ?

ヴァネッサ・バーロウィッツ(テレビドキュメンタリー制作者)

ペンギンは、地球のほんとうにいちばん南のはしの南極点に住んでいるわけではなく、ほとんどは南極点を中心にした南極大陸のまわりの、凍《こお》りつくような冷たい海で暮らしています。

寒い場所でもやっていけるのは、とてもしっかりした防寒対策《ぼうかんたいさく》ができているからです。からだをおおう羽毛は、屋根がわらのようにたがいに組みあわさって、空気をとおさないようにすることができます。ちょうど、フワフワのダウンの上に防水のコートを着ているようなものですね。丸々太ったからだつきも保温にはもってこいです。だから、地球の北のはしにある北極まで引っこすのは、とっても大変なんです。だって北極にたどりつくためには、赤道《せきどう》あたりの、とてもあたたかい海を泳いでいかなければなりませんからね。それがどれだけ大変なことか、ちょっと想像してみてください。よく晴れた暑い日に、スキーウェアをしっかり着こんで走りまわるようなものです。

わたしたちが「フローズン プラネット」という番組を撮影《さつえい》したときには、夏になるとペンギンが体温を下げるために、けんめいにがんばらなくてはならないことに気づいておどろきました。南極の夏は、暑いといってもイギリスならおだやかな冬の日くらいの温度にしかなりません。はじめて受けとったフィルムで、キングペンギンが冷たく湿《しめ》った砂の上にゴロンと寝《ね》そべり、おなかを冷やしたり、羽毛のないピンクの足から熱をにがそうとしたりするシーンを見たときには、みんなで大笑いしました。赤ちゃんペンギンはもっとおかしくて、ドロのお風呂《ふろ》で冷やすので、出てきたときにはまるでとけたチョコレートにくるまれているように見えました。

ペンギンが、途中《とちゅう》で熱にやられずに北極までたどりつけたとしたら、同じく黒と白の姿をした鳥たちにバッタリ出会うはずです。ペンギンにそっくりのウミスズメという鳥です。ただし、ウミスズメは空を飛べて、ペンギンは飛べません。そう、それもペンギンが北極に引っこしをしない大きな理由です。北極では、夏になると巣を作って子育てをする鳥たちの繁殖地《はんしょくち》を、ホッキョクグマとホッキョクギツネがウロウロ歩きまわります。でもペンギンは飛んで逃《に》げることができません。

南極なら、ペンギンたちは巣にいるときに襲《おそ》われる心配はありません。ペンギンを食べるような陸上に住む動物は、荒《あ》れた冷たい海を泳いでわたれないので、南極大陸にはいないからです。そのためにペンギンの祖先の鳥のなかまは、敵から逃げる必要がなく、飛ぶ力をなくしてしまいました。ペンギンの翼《つばさ》は短くてずんぐりしています。その翼を水かきのように使って、水中をグングンすすみます。

南極でヘリコプターから撮影中に、ペンギンたちが泳ぐ姿を上から見ることができたのはラッキーでした。わたしはそのとき、ある意味では、少なくとも海のなかでは、ペンギンたちは飛べるのだと気づいたのです。それはこのうえなく美しい光景でした。まるで水中バレエを見ているように思えました。

ペンギンと聞けば、だれでも陸上のぎこちないヨチヨチ歩きを思いうかべます。でもこの冷たい南の海で、自由自在に泳ぐ姿がどれほどしなやかで優美《ゆうび》かを見ると、ここがペンギンたちのほんとうの故郷なのだと実感することができます。

63 飛行機はどうやって飛ぶのかな?

デヴィッド・ルーニー(ロンドン科学博物館の輸送機関学芸員)

はじめて飛行機に乗るときには、人間と荷物をいっぱい積んだあんなに大きくて重いものが空を飛べるなんて、とても信じられないと思えてきます。重いものは、地上にあるのがふつうです。だから飛行機みたいなほんとうに重いものは、地上にあるのがふつうに思えるのです。

でも心配は無用です。空を自由に飛ぶ鳥を見てみてください。鳥にも重さはそれなりにありますが、ちゃんと空を飛べます。そして鳥は飛ぶために、自然をとてもうまく利用しているのです。

飛行機には、両横に長いものがつきだしているのを知っていますよね。翼《つばさ》です。そして飛行機に乗ったことがある人は、飛びたつ前にパイロットが滑走路《かっそうろ》と呼ばれている長い一直線の道のはしまで飛行機を運転していって、むきを変えると、ものすごいスピードで滑走路を走りだすのも知っていますね（わたしがいつも、いちばんドキドキする瞬間《しゅんかん》です）。

さあ、飛ぶために、自然をうまく利用するときがやってきました。飛行機が前にすすむと、翼の前からうしろにむかって、まわりの空気が流れます。思いっきりはやく走ると、顔に風があたるのを感じるでしょう？　それと同じことです。

ところで、飛行機の翼は平べったいかたちをしていますが、よく見ると前側が少しふくらんでカーブを描《えが》いています。このカーブのせいで、翼の上下を流れる空気の方向が変わります。そして空気がこうして方向を変えるときに、翼を押《お》しあげる力が増すのです。理由を説明するのはむずかしいのですが、たしかです。

だから飛行機が前にすすんでいるあいだは、空気が翼を押しあげ、飛ぶことができます。

そうなると、飛行機はどうやってそんなにはやく前にすすんでいるのか、ふしぎではありませんか？　それはエンジンを利用しているからです。今の飛行機は、ほとんどが二つか四つのエンジンをもち、そのほとんどがジェットエンジンという種類です（だから飛行機のことをジェットと呼ぶことがあるのです）。

ジェットエンジンは、航空燃料《こうくうねんりょう》と呼ばれる液体の燃料をもやします。そしてもやしながら、うしろにむけてとても熱いガスを噴出《ふんしゅつ》します。このジェット噴流《ふんりゅう》が飛行機を前に押しすすめたり、前にすすめるためのファンをまわしたりします。ジェットエンジンは、信じられないくらい大きい音を出しますが、それは燃料をもやす音です。

飛行機が飛ぶためには、このほかにもいろいろなものがいります。たとえば、どうやってすすむ方向を変えているのでしょうか？　どうやってスピードをゆるめているのでしょうか？　飛行機の両横の翼（主翼《しゅよく》）と、いちばんうしろについている翼（尾《び》翼《よく》）には、フラップといって、パイロットが動かせる部分がついています。パイロットはこれらのフラップをいろいろに動かして、飛行機の飛ぶはやさを変えたり、高さを変えたり、方向を変えたりします。

今までお話ししたことは、飛行機がどうやって前にすすみ、離陸《りりく》し、方向を変え、着陸《ちゃくりく》するかの、いちばん基本的なところです。ほんとうにすばらしいしくみだと思いませんか？

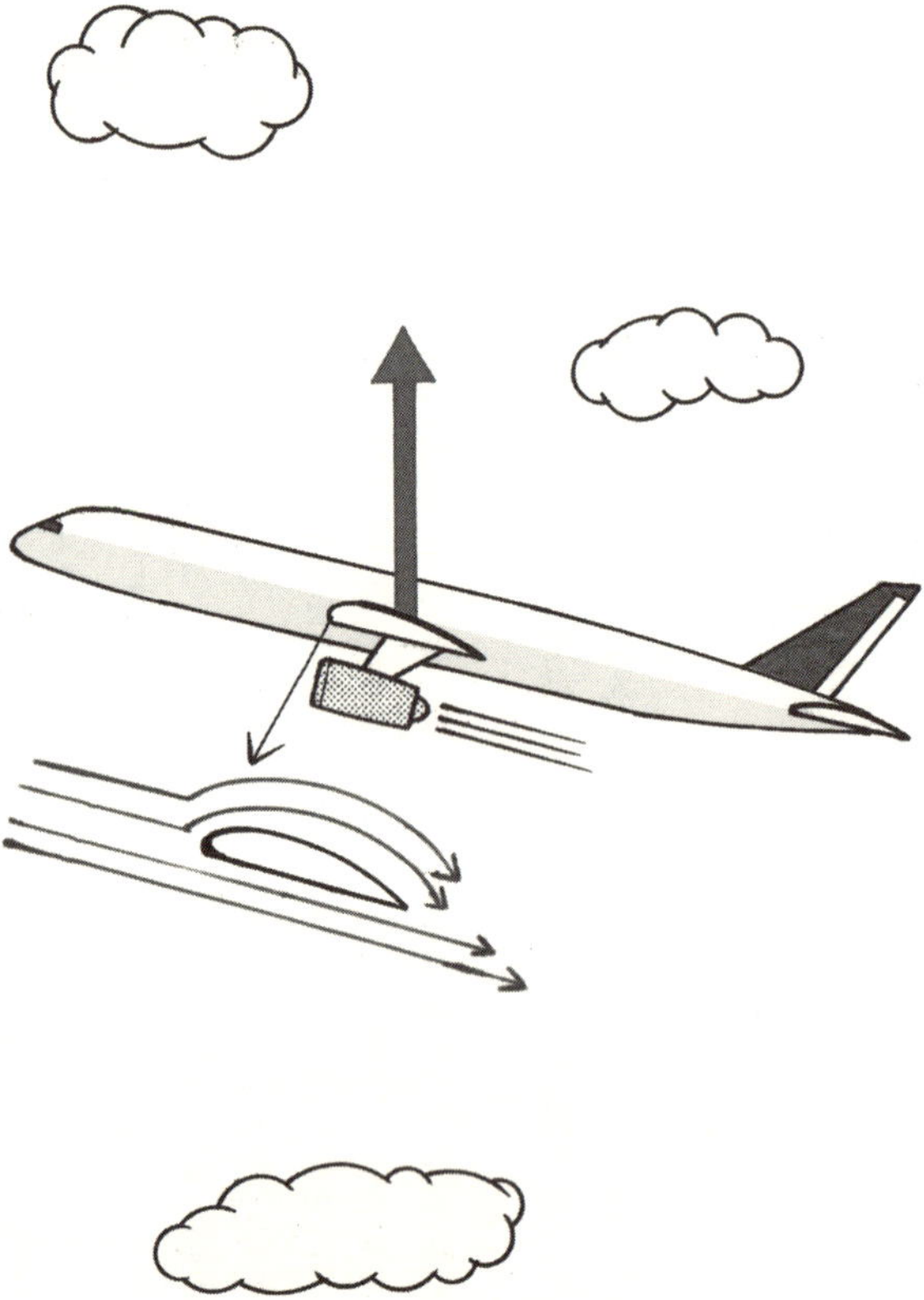

64 世界でいちばん力もちの動物はなあに？

スティーヴ・レオナルド（獣医師《じゅういし》、野生生物テレビ番組のプレゼンター）

さて、これはむずかしい質問だ。たしかに、いちばん重いものをもち上げられる動物ならわかる。それはおそらくゾウだろう。アジアゾウは鼻で三〇〇キログラムのものをもち上げた記録があるから、上々のスタートだね。でも丸太に革《かわ》のロープをまきつけて、ゾウがそのロープをくわえれば、五〇〇キログラムだってもち上げられる。小型自動車のだいたい半分の重さだと思えばいい。すごいなあ。でも、ゾウの体重を考えてみよう。体重とくらべてみると、ずいぶん軽いことになる。ぼくが砂糖の袋《ふくろ》を九つもち上げるのと同じだもの。片手でできてしまう。

それなら、体重とくらべた力もちを探してみることにしよう。世界でいちばん力もちの人間は、自分の体重の二倍のものをもち上げられる。おどろきだが、ほかの動物のことがわかればたいしたことはない。オスのゴリラはとても力もちで、体重の一〇倍は平気だ。人間の五倍も力もちということになる！　でも、自分の重さとくらべたときの世界でいちばんの力もちは、なんといっても昆虫《こんちゅう》なんだ。ハキリアリは、自分の五〇倍の重さの葉っぱを運べる。これはぼくがメスのアジアゾウを高々ともち上げるのと同じ！

でも、もっとすごいのがいるぞ。フンコロガシなら体重の一一四一倍でも大丈夫《だいじょうぶ》。ぼくなら二階建てバスを六台、いっぺんにもち上げられることになる！　もっと小さい生きもののなかには、もっと力もちがいるかもしれないけど、あんまり小さいと、なにかをもち上げるのはとってもむずかしいだろうね。

65　水にさわると、どうしてぬれている感じがするの?

ロジャー・ハイフィールド（サイエンス・ミュージアム・グループの広報担当部長）

いろいろな答えが考えられるけれど、まず、きみが水にさわると、指の先から脳に

「ぬれた」という感覚が伝わる。それで、きみはぬれたと感じることができる。

身のまわりの世界についてきみの皮膚《ひふ》が感じたことは、「神経《しんけい》インパルス」と呼ばれるからだの信号によって、いつもいつも脳に伝えられているんだよ。このさわった感覚のことを、「触覚《しょっかく》」と呼んでいる。触覚は、なにかがかわいているかぬれているか、熱いか冷たいか、ザラザラしているかツルツルしているかも伝えることができる。水をぬれていると感じるのは、水が液体《えきたい》だからだ。

ただし、水が液体なのは、温度が〇℃から一〇〇℃までのあいだだけ。〇℃以下になると、固体《こたい》の氷になってしまう。冷蔵庫から氷を取りだして、室温の飲みものにい

れると、氷はあたたまってとけはじめるね。そうすると、固体になっていた氷は、また液体に戻《もど》ってしまう。それから、水をやかんにいれてコンロにかけて一〇〇℃以上に熱すると、水蒸気《すいじょうき》と呼ばれる気体《きたい》になる。水蒸気は目に見えない（やかんの口から水蒸気が噴《ふ》きだしているのが見えるのは、熱い水蒸気が、やかんのまわりの温度の低い空気にあたって冷やされるからだ。水蒸気が液体の水のこまかい粒《つぶ》になって、きみの目にも見えるんだよ）。

超高性能《ちょうこうせいのう》の顕微鏡《けんびきょう》を使うと、水は分子《ぶんし》という小さい粒でできているのがわかる。それぞれの分子は、もっと小さい、原子《げんし》という粒でできている。レゴのブロックのようなものだと思えばいい。原子のブロックが組みあわさって分子になり、その分子できみのまわりにあるすべてのもの、きみのからだのなかにあるすべてのものができあがっている。

水の分子は、一個の酸素《さんそ》の原子に、二個の水素《すいそ》の原子がくっついてできている。そして水の分子どうしもまた、おたがいにくっつきあっているわけだが、水の分子ではそれぞれのなかの水素原子が、近くにあるほかの水の分子の酸素原子に引っぱられる、特別な「結合《けつごう》」のしかたをしている。くわしいことは、もっと大きくなったら勉強すると思う。今は、この「水素結合」と呼ばれている力によって、その力をもたない同じような大きさの分子よりも強く、水の分子がまわりの水の分子とつぎつぎに結びついていることをおぼえておこう。そのために、水にはいろいろな変わった性質が生まれている。

水を変わりものと呼べる点を、いくつかあげてみる。

• 液体の水では、表面に分子どうしの引きあう力から生まれたうすい「膜《まく》」ができている。この膜は目には見えないけれど、上に小さい昆虫《こんちゅう》が乗れるくらい丈夫《じょうぶ》なものだ。この膜のせいで、水がきみの手にふれたとき、ぬれた感じがする。金属の水銀《すいぎん》の場合は、表面で引きあう力がとても強いので、さわってもぬれた感じはしない。水銀をてのひらにのせると、小さいビー玉みたいにコロコロした球になってしまう（ただし、きみはこの実験をしてはいけないよ。水銀はからだに毒だからね）。

• 水は、同じような大きさの分子をもつほかの物質にくらべると、液体から気体になる温度（沸点《ふってん》）と固体から液体になる温度（融点《ゆうてん》）がとても高い。

• ほとんどの物質《ぶっしつ》は冷えるとちぢむのに、水は凍《こお》ると大きくなる。これは水が凍ったときに起きる、水素結合の特別な性質によるものだ。水を凍らせると同じ重さで体積だけが大きくなるから、氷は水に浮《う》かぶ。

・カリフォルニア大学バークレー校のリッチ・セイカリーがおもしろい実験をし、今はオックスフォード大学にいるデヴィッド・クラリーが計算したところによると、水にぬれるには少なくとも六個の水の分子がいることがわかった。五個以下でできている分子のグループは、一個の分子の厚さをもった膜を作ってしまう。六番目が加わると、その分子グループははじめてちっちゃな水たまりに変わって、ぼくたちがさわったときにぬれたと感じるようになるんだ。

66 もし骨がなかったら、わたしはどんなふうに見える?

ジョイ・S・ゲイリン・ライデンバーグ教授(比較解剖学者《ひかくかいぼうがくしゃ》)

もしあなたに骨がなかったら、腕《うで》を輪ゴムみたいにビヨーンと長くのばしたり、ぺっちゃんこになってドアの下のすきまをスルリととおりぬけたり、ハリー・ポッターの「まね妖怪《ようかい》」みたいに姿を自由に変えたりできるかもしれない!

でも、こまったことも起きるわね。重力《じゅうりょく》にさからって自分の好きな姿のままでいることはむずかしくなる。ほとんどいつも、自分がはいっている箱やいれもののかたちと同じかたちでがまんするしかない。コップの水や、型のなかのゼリーみたいに。いれものが手にはいらないときには、床《ゆか》に水やゼリーをこぼしたときのように、だらしなく広がったままになる。

骨はあなたの姿を作ってくれているの——あなたが、あなたのかたちを保っていられるように、からだのなかの骨組みを作っているわけね。そこに筋肉《きんにく》がつくこともできるし、骨と骨をつなぐ関節《かんせつ》は滑車《かっしゃ》やてこの役目を果たす。筋肉を引っぱるときに支えになるかたいものがなければ、それに便利な関節のしくみがなければ、あなたはとってもよわよわしくて、すぐに疲《つか》れてしまうにちがいないわ。自分の腕や脚《あし》を動かすのに、ずいぶんたくさんのエネルギーを使わなければならなくなるもの。

もし水のなかで暮らすことにきめるなら、ほとんど重さを感じなくてすむから、動こうとしてもそれほど疲れないでしょうね。たぶんクラゲかイカかタコみたいになるでしょう。わたしは前に巨大《きょだい》イカを解剖して、そのからだがほんとうに変わっていると実感したことがあるのよ。これらの動物たちに骨はないけれど、わたしたちのように関節のところだけではなく、からだのどこでも曲げられるから、おどろくほど自由自在に動けるの。自分の腕をらせんのように、クルクル曲げられるところを想像してみて！

そういえば、わたしはゾウの鼻も解剖したことがある。ゾウの鼻には骨がなくて、筋肉の動きだけでいくつかの方向に曲げられるようになっている。イカも、それと同じように脚を動かしている。片側の筋肉だけを引くと脚が曲がり、ぜんぶの筋肉をいっぺんに引くと脚が短くなり、いちばん外側にある筋肉の輪を、握《にぎ》りこぶしを作るみたいにぎゅっとしめると、脚が長くなる。この最後の動作のときには、なかにある体液を先にむかって押《お》しだして——ちょうど歯みがきチューブを手でしぼるみたいに——脚をニユッとのばす。

スキューバダイビングをしているとき、水中で大きなミズダコと出会ったことがあるのよ。大きなタコがいろいろな姿に変わっていくところは、見ていてほんとうに楽しかった。表面にしわを作ると岩や海藻《かいそう》のように見えたし、脚を平らにのばすとまるで飛行機の翼《つばさ》のようで、からだの下で巻いたりのばしたりをくりかえすと、車輪がクルクルまわっているように見えた。

いちばんドキドキした瞬間《しゅんかん》は、そのミズダコがわたしにさわろうと、こっちにむかって脚をスーッとのばしたときね（わたしの顔の前をとおりすぎる直前、水中メガネがタコの吸盤《きゅうばん》ですっかりおおわれて、なにも見えなくなった）。このとき脚をのばして、また丸める動きは、息を吹《ふ》きこむとスルッとのびてまたすぐ丸まる、吹き戻《もど》しというおもちゃにそっくりだったわ！

67 ウシは空気をよごしているの？

ティム・スミット（エデン・プロジェクト最高責任者）

たしかに……でも、ウシはいいこともたくさんしてるんだ。

だから、いちばん大事なのは、ウシがどうやって空気をよごしているかじゃないかな。それはウシがなにを食べるか、どんなふうに食べるかに関係している。きみやぼくとはちがって、ウシの胃《い》は四つの部屋に分かれている。そのおかげで草を食べることができる。草はかたくて、なかなかかみきれなくて、消化《しょうか》するのに長い時間がかかる食べものなんだよ。ウシはまず食べた草を胃の最初の部屋にためて、あとで口に戻《もど》し、何度でもかめるようにしておく。だからいつ見ても、ガムをかんでいるように見えるんだね。

胃のひとつ目の部屋には、役に立つ細菌《さいきん》がいっぱいいて、草をもっとこまかくくだいてくれる。こうして草をバラバラにする途中《とちゅう》で、メタンと呼ばれる、いやなにおいのする気体《きたい》が発生するから、ウシはそれを息といっしょに吐《は》きだしてしまう。人間もときどきメタンを出すね。サツマイモを食べすぎたあとが多くて、口とは反対側からだけど……プーッ、あ、ごめん。ふたつ目の部屋は、ポンプみたいに、半分消化された草を胃から口に戻すのに役立っている。

それならウシの胃の三番目と四番目の部屋は、なにをするのかなって思っている人もいるだろうから、つけくわえておくよ。このふたつの部屋は、ぼくらの（ひとつだけの）胃に似たような働きをする。でもそこのところは、空気をよごす点にはあまり関係ないから、ここでは省略だ。

いやなにおいのする、空気をよごす気体に戻ろう。メタンは温室効果《おんしつこうか》ガスのひとつで、二酸化炭素《にさんかたんそ》なんかといっしょになって、地球を毛布みたいにぐるっと包みこみ、熱を逃《に》がさないようにする。だから、気候変動《きこうへんどう》の引き金になる。メタンは、熱を逃がさない性質が二酸化炭素よりずっと強くて、ウシの口やほかの動物のおしりからだけじゃなく、化石燃料《かせきねんりょう》（石炭や石油）、自然の湿地《しっち》、水田からも発生している。家畜《かちく》（ウシ、ヒツジ、ヤギ）が出すメタンの量は、化石燃料産業が出す量と同じくらいで、自然の湿地から出る量より少なく、米を育てる水田から出る量よりは多い。

肉を食べるのを減らせば、ウシの数が減り、メタンも減って、温室効果ガスを減らすのに役立つひとつの方法にはなるかもしれない。でも、ウシにはいいところもあるのを忘れちゃいけない。場所によっては、人間が食べられる穀物（パンを作るための麦や、豆など）を育てるのにはむかなくても、動物が食べる草なら育つところもある。それに世界には、家畜を育てて生計を立てている人がとてもたくさんいる。とくに、一日を一ドル以下のお金で暮らしている農村地域の八億八〇〇〇万人の人々に目をむければ、そのうち七〇パーセントが家畜に頼《たよ》って生きている。大人は肉を買うときに、その肉がどこで作られたのか、責任をもって育てられたのかを確認《かくにん》することができる。

温室効果ガスを減らすには、ほかにもできることはたくさんあるよ。たとえば、照明やコンピューターやテレビを使わないときはスイッチを切って、エネルギーを節約する、大人が自動車をできるだけ使わないですむように協力する、できるだけリサイクルする、友だちや家族と知恵《ちえ》を出しあう、そして想像力を働かせ、新しいアイデアを思いつくことだ。

新しいアイデアといえば、オーストラリアの科学者たちが、カンガルーの胃にいる細菌は、ウシの胃にいる細菌よりもメタンを出す量が少ないことをつきとめたんだって。そこで、カンガルーの胃の細菌をウシの胃に移して、ウシをもっと環境《かんきょう》にやさしい動物にしようと、いろいろ頭をひねっているところだそうだ。

CH4
CH4
CH4
CH4
CH4
CH4
CH4
CH4
CH4
CH4
CH4
CH4
CH4
CH4
CH4

68 本を書く人は、どうやってアイデアを思いつくの？

フィリップ・プルマン（作家）

本を書く人一〇人にこの質問をすると、一〇のちがう答えが返ってくるでしょう。はるかむかしの詩人たちは、ミューズの神を信じていました。ミューズは、インスピレーション（ひらめきともいえるもの）をもたらしてくれるという、ギリシャ神話の女神《めがみ》です。九姉妹の女神たちが、叙事詩《じょじし》、悲劇、踊《おど》りなど、それぞれ芸術の異なる分野をつかさどっていると考えられていました。だから詩人や音楽家は、女神たちからすばらしいアイデアをもらいたくて、祈《いの》ったり、ささげものをしたりしていたのです。

今ではミューズの神を信じている人はいないと思いますが、むかしの人が信じていた理由はよくわかります。アイデアはどこからともなくやってくるふしぎなもので、自分は作家だとどんなに言いはっても、必ずよいアイデアを思いつくわけではありません。アイデアは、わけもなく、どこからともなく、ふいにわいてくるように感じられます。

それでも、準備を整えておくことはたいせつです。どこからアイデアを思いつくかと質問されると、わたしはよくこんなふうに答えます。「どこからやってくるかは知りませんが、ど・こ・にやってくるかは知っています。アイデアはわたしの机にやってきます。そしてわたしがそこにいないと、またどこかに行ってしまいます」。つまり、じっさいに机の前にすわっていなくてもいいし、どこにいたっていいのですが、よいアイデアがやってきたことに気づくよう、そしてやってきたらなにかをできるよう、準備をしておかなければならないということです。

わたしが学校にかよっていたころには、クリケットをしている最中によくアイデアが浮《う》かんできました。打つのも投げるのもじょうずではないうえ、キャッチもできなかったわたしは、たいていいつもフィールドのいちばん遠いところの守備にまわされ、夢うつつのようにぼんやりしながら立っていても大丈夫《だいじょうぶ》でした。それはアイデアが生まれる理想的な心もちだったのです。ほんとうのところ、わたしはこれまでの人生の大半を、ずっとそんな心のありようのまま、生きてきたような気がします。

作家のなかにはいつもノートをもちあるいて、なにか思いついたらすぐ書きとめる人もいます。きみもやってみるといいかもしれませんね。わたしもときどき試《ため》したのですが、わたしの場合は役に立たないことがわかりました。物語になりそうなよいアイデアを思いつくと、それはわたしの心からいっときもはなれなくなってしまうからです。野原を歩いているうちに服にくっついてきた、トゲトゲの草の実のようなものです。振《ふ》りはらおうと思っても消えません。

アイデアのもとはどこにでもあります。本を読むとたくさんのアイデアがわいてくるでしょう。ほかの作家からインスピレーションを受けるのは少しも悪いことではありません。ほとんどの作家は、なにかの本を読んでワクワクし、まねをしたくなって書きはじめました。ほかの人のすることを見ていたり、話すことを聞いていたりするだけでも、アイデアは山ほど出てきます。

ただし、よいアイデアを思いつくのはスタート地点です。次に、アイデアから物語を作っていかなければなりません。作家になるために必要なものは、インスピレーションだけだと思っている人もいますが、大きなまちがいです！　よいアイデアをもっている人はたくさんいますが、そこからじっさいに物語を書く人はほとんどいません。そこからが大変なのです。

でも心配しないでください。きみがいっしょうけんめいに考え、うまくいかないと思うことがあってもやめずに努力をつづければ、ミューズがそれを見て、アイデアを授けてくれるでしょう。何週間もずっと気にかかっていた問題を解決できるピッタリのアイデアをとつぜん思いつくのは、めったに味わえない最高の気分です。それはじっさいに起きるので、わたしは今でもまだミューズを――ちょっとだけ――信じています。ともあれ、ミューズの女神たちにはとても大きな尊敬を払っています。

69　男の人にはヒゲが生えて、女の人に生えないのはなぜ？

クリスチャン・ジェッセン博士（医師）

「男の人と女の人は、見かけがどうしてちがうの？」と質問することもできるね。かんたんにいうと、二種類のよくできたホルモン（からだの働きを調節する物質《ぶっしつ》）のせいだ。それらのホルモンは、きみがだいたい一三歳《さい》くらいの「思春期《ししゅんき》」になると、からだのなかでさかんに作られるようになる。エストロゲンとテストステロンという名前で、思春期をすぎると見かけが「大人」らしくなり、それから男らしく、または女らしくなるのは、このふたつのホルモンが働くからだ。

エストロゲンというホルモンは、女子で最も活発に働いて、胸や、そのほかの女子だけの器官《きかん》を発達させる役割をもっている。それから女子の髪《かみ》の毛をはやくのばし、顔ではヒゲが生えないようにもする。

男子で活発に働くのは、テストステロンというホルモンのほうだ。こっちは男子の声を低くし、身長を高くし、筋肉《きんにく》を発達させる。それから顔でヒゲを、そしてからだのほかの部分でも毛をのばす働きをするけれど、髪の毛がのびるはやさをおさえてしまう。モジャモジャのヒゲを生やし、頭には毛がない男の人がいるのは、このせいだ。

だから、どうして男の人にはヒゲが生えて、女の人に生えないのかというきみの質問への答えは、男の人には女の人よりたくさんのテストステロンが、からだのなかで作られるから、ということになる。

ときどき、女の人のからだで、男性ホルモンのテストステロンが作られすぎるという、健康上の問題が起きることがある。お医者さんにたのんでホルモンのバランスを正しく戻《もど》してもらわないと、どうなると思う？　顔にヒゲが生えはじめることがあるんだよ。

70 砂糖はからだに悪いの？

アナベル・カーメル（育児本作家）

人はだれでもみんな、生まれつき甘《あま》いものが大好きです。自然界にある毒のある食べものは、たとえば毒イチゴのようににがい味がするので、甘い味は安全な食べものと結びついているからではないかと、科学者たちは考えています。

甘いものがぜんぶからだに悪いわけではありません。くだものにはいっているような天然の糖質《とうしつ》もあります。このように自然のままのかたちの糖質は、食べすぎさえしなければ、からだに悪いことはありません。

ところが、加工食品にはすべて、見えないところで砂糖が加えられています。甘くないから砂糖ははいっていないだろうと思うような、スープ、ソーセージ、ピザ、ポテトチップス、冷凍《れいとう》食品なども例外ではありません。そのために、わたしたちは毎日の食事で、自分で考えているよりずっとたくさんの砂糖を口にしていることになります。

朝食のシリアルにも甘いものが多くて、三五パーセントもの糖分が含《ふく》まれているものさえあります。そういう食事で一日のスタートを切るのは、賢《かしこ》いことではありません。午前中いっぱい元気でいられるような、長もちのするエネルギーをもらえないからです。シリアルはお店のビスケット売り場で売るべき商品ではないかと、議論が起きているほどです。わたしはだいたいの目安として、商品のラベルを見て、原材料名の最初から三つ目までに「砂糖」と書いてあったら、棚《たな》に戻《もど》すことにしています。

甘いものを食べすぎないようにと口をすっぱくして言われる理由は、いくつかあります。そのひとつは、歯に悪いからです。砂糖がひんぱんに口にはいると虫歯になりやすいので、甘い食べものはおやつとしてではなく、食事といっしょに食べるのが正解です。

甘いものを毎日たくさん食べすぎると、からだのそのほかの部分にも悪い影響《えいきょう》があります。甘いものは、あなたの行動に変化を起こすのです。糖分はすぐ血液《けつえき》の流れに乗り、いっきにエネルギーに変わり、からだはこの糖分を取りこもうとインスリンという物質《ぶっしつ》をいっしょうけんめいに作ります。このエネルギーは長つづきせず、糖分が短時間でもえつきてしまうと、とても疲《つか》れてフラフラになります。甘いものをたくさん食べていると、血糖値《けっとうち》が上がったり下がったり、また上がったり下がったりをくりかえします。それに、あなたのからだはそんなに糖分を必要としていないので、余分なものはたくわえにまわされて、健康な状態よりも体重が増えてしまいます。

71 エジプトのピラミッドはどうやって作った？

ジョイス・ティルズリー博士（エジプト学者）

古代のエジプトには、電気や手のこんだ機械はありませんでした。たくさんの奴隷《どれい》をつれてきて、働かせたわけでもありません。民衆の力を借りたのです。ピラミッドを作ったのは、エジプトじゅうの町や村から建設現場まではるばる旅をして集まった、何千人もの働き手でした。人々は現場のまわりで野宿《のじゅく》をしながら二か月か三か月だけ働くと、別の人たちと交代して、故郷に戻《もど》って休みます。かわるがわるやってくる働き手に指図《さしず》をするのは、少人数の石切りや工事の専門家、そして建築技師たちでした。古代エジプトではお金は使われていなかったので、働くかわりに人々が受けとったのは食べものや飲みものでした。

ピラミッドは、外《そと》から見るとどれもだいたい同じに見えますが、ぜんぶが同じ作りではありません。亡《な》くなった王を安置《あんち》する部屋（埋葬室《まいそうしつ》）が、地下にあったり、高い位置にあったりします。

ピラミッド作りの最初の仕事は、地面を平らにならし、測量して四つの辺をきめることでした。それから近くの石切り場で、銅《どう》の「のみ」とハンマーという、とても単純な道具を使って、巨大《きょだい》な四角い石を切りだします。それを木のそりにのせて建設地まで運びます。現場では坂道を作り、働き手がおおぜいで石を引っぱってピラミッドの高いところまでもち上げていきました。

大きな石が三角のかたちに積みあがったら、上等な白い石でそれぞれの面をおおいます。白い石はきれいに磨《みが》かれ、太陽の光でキラキラと輝《かがや》きました。ピラミッドの頂上の石は、「ピラミディオン」と呼ばれていて、ときには表面を金《きん》で仕あげて、もっと美しくきらめくようにしたのです！

72 夜になるとどうして空が暗くなるの？

クリストファー・ポッター（サイエンスライター）

小さいころには、まわりの人にいろいろなことを質問してばかりいる。でも大きくなってくると、なんだかはずかしくてあまり質問しなくなってしまう。たぶん、なにかを知らないなんてことを、人に知られたくないと思うようになるんだね。ざんねんだなあ。だって、質問をすることはとってもたいせつなんだもの。アインシュタインのような偉大《いだい》な科学者は、みんながあたりまえだと思っていたことを「どうしてかな？」と考えた。それは偉大な科学者が偉大といわれる理由のひとつだ。

「夜になるとどうして空が暗くなるの？」と聞かれたとき、ちょっと考えただけでは、とてもかんたんな質問のように思える。第一に、わかりきった答えが思いうかぶだろうね――「夜になると太陽が沈《しず》んでしまうから」。でもこれでは、太陽が動いていることになるから、きちんとした答えになっていない。太陽は地平線《ちへいせん》のむこうに沈んでいったように見えるけれど、ほんとうは地球のほうが動いている。地球が軸《じく》を中心にしてクルクルまわっているから、太陽が弧《こ》を描《えが》いて空を横切っていくように見えるだけだ。ほら、こんなに単純な答えひとつでも、太陽と地球の動きの関係について考えるきっかけになった。しかもここからまたすぐに別の質問が出てくる。たとえば、「地球が動いているって、どうしてわかるの?」

質問の答えを考えようとするときには、質問そのものを疑ってみると役に立つことがある。ここでは、「夜になると、空はほんとうに暗くなるの?」と質問してみるといい。

街の明かりの届かない田舎《いなか》に住んでいるとしたら、月が出ていない夜でも、空は遠くの星の光だけでずいぶん明るくなるのに気づくはずだ。それなら夜の空はどうしてもっと明るくないのだろうと、もう何百年も前から、いろいろな人が考えてきた。

宇宙がどこまでも続いているとするなら、そしてもし無限大《むげんだい》の宇宙に無数の星があるとするなら、無数にある星の光で夜空はすっかり明るくなるにちがいない。暗いはずがない! たくさんの哲学者《てつがくしゃ》や科学者が、そんなふうに考えた。

でも、宇宙空間はふくらみつづけていると考えてみよう。宇宙がどんどん大きくなっているなら、はるかかなたの星からやってくる光は、つねに地球から遠のいていることになる。そのことだけで、夜空が暗く見える理由を説明できるかもしれない。だからきみの「夜になるとどうして空が暗くなるの？」という質問は、宇宙が無限かどうかにかかわる、とてもむずかしい問題だ。科学者たちは今でもまだ、そのことで頭を悩《なや》ませている。

73 電気はどうやって作る?

ジム・アルカリーリ教授(科学者、コメンテーター)

電気をどうやって作れるかを説明するには、まず、電気がなにでできているかを知る必要がある。よく考えてみれば、まるで手品のようだね——大人だって、電気がなにかなんてよく知らない人がたくさんいるくらいだ。きみも大人に聞いてみて、ちゃんとわかる答えを教えてもらえなかったのかもしれないな。よし、ここで、できるだけわかりやすく話してみよう。

電気がこんなにふしぎに思えるのは、見ることができないからだ。まったく見えないエネルギーが明かりをともし、コンピューターやテレビはもちろん、身のまわりのほとんどすべてを動かしているみたいに感じる。自動車が走るのに使うガソリンに、ちょっと似ていると思う。でも、自動車のエンジンがどうやってガソリンを利用するのかよく知らなくたって、ともかくガソリンは見えるし、においもする。

やっぱり目に見えないのが、電気のいちばんおもしろいところだ。でもそれは手品なんかじゃなくて、電気を作っているものが小さすぎて、人間の目ではぜったいに見えないからなんだ。電気を作っているのは、電子《でんし》と呼ばれるものすごく小さな粒子《りゅうし》で、電子は原子《げんし》のなかを四六時中ビュンビュン飛びまわっている。原子はいたるところにある。宇宙のすべてのもの、もちろんきみだって、数えきれないほどの原子でできているのだからね。

さて、電子には電荷《でんか》と呼ばれるものがあり、そのせいでいわば極小《ごくしょう》の磁石《じしゃく》のようなふるまいをする。電子が原子のなかから抜《ぬ》けだせないのは、どの原子にも中心に強力な原子《げんし》核《かく》があって、電子を引っぱっているからだ。

原子はふだん、中心にある核とそのまわりを飛びまわる電子の綱引《つなひ》きを、うまく調整するのに大忙《おおいそが》しだ。あまり忙しいものだから、そばにある別の原子をほとんど無視している。でも、いくつかの電子が原子の目をすりぬけ、なんとか逃《に》げだすのに成功するところから、お楽しみがはじまる。逃げだした電子はみんなで集まり、金属などのきまった材料のなかを、兵隊さんの行進みたいにそろってすすむようになる。それが電流《でんりゅう》と呼ばれるもので、行進は猛《もう》スピードですすむ。

電子がどんどんすすんでいくのは、電子をなくして代わりの電子をほしがっている原子に引っぱられるのと、電子が満員でそれ以上ほしくない原子に押《お》しやられるからだ。こうして数えきれないほどの小さな電子の集団が、電線をぐんぐんすすんでいく。これが電線を流れる電流の正体だ。

よし、これで電気がどんなものかを説明できたから、次はどうやって作るかを見てみよう。

必要になるのは、膨大《ぼうだい》な数の電子を原子から引きはなすこと、そして集めた電子を、電池《でんち》などのどこかにたくわえておくことだ。あとは、なにかの仕事をさせたいとき、たとえば電球を明るく光らせたいとき、そこから電子を送りだせばいい。

大量に電気を作る（これを「発電《はつでん》する」という）方法はいろいろあるが、ふつうは発電機（ダイナモ）という特別なモーターを、蒸気《じょうき》を使って回転させる。

もちろん、そうかんたんにはいかない。まず水を熱して蒸気にするのにエネルギーがいる。そのエネルギーは、原子そのものから（これを原子力エネルギーと呼んでいる）、太陽から、風から、あるいは石炭などをもやして、手にいれることができる。そのためにはいろいろなしくみを使う。でも最後には、きみがスイッチをひねるかボタンを押すだけで、たくわえられた小さな電子が、ちゃんと腕《うで》をふるってくれる。

74 わたしたちの骨はなにでできているの？

アリス・ロバーツ教授（解剖学《かいぼうがく》の専門家、コメンテーター）

骨はすばらしいものです。もしかしたら、骨は白くて、折れやすくて、生きていないものだと思ってはいませんか？ でも、あなたのからだのなかの骨は、ちゃんと生きているのです。

骨はとてもかたい材料でできていて、その材料のなかにはたくさんの小さい細胞《さいぼう》がありますそして骨の色はピンクです。骨には血管《けっかん》がいっぱいとおっているからです。それに、骨は信じられないくらい丈夫《じょうぶ》です——鉄のようにがんじょうで、ちっとも折れやすくなどありません。骨をじっさいに折ろうとすると、ほんとうに大変です。ありがたいことですね。骨が丈夫なのは、たくさんのカルシウムを含《ふく》んだかたい無機物《むきぶつ》と、強いたんぱく質を、うまく組みあわせてできているからです。

骨は、内側でも外側でも、いつも変化しつづけています。あなたが成長しているあいだは、かたちも大きさも変わるのが目に見えてわかりますね。でも大人になってからもまだ少しずつ変化できます。骨には生きた細胞が含まれているからです。「造骨《ぞうこつ》細胞《さいぼう》」と呼ばれる細胞は、新しい骨の材料をつぎつぎに送りだすことができます。その反対の「破骨細胞《はこつさいぼう》」は、骨の材料を食べてしまいます。造骨細胞と破骨細胞がいっしょになって、あなたが骨に力をかけてももちこたえられるよう、骨ぜんたいをいつも必要なかたちと大きさに保っています。

たとえば太ももの骨（大腿骨《だいたいこつ》）をたて半分に切ってみると、細胞が見えるはずです（それには顕微鏡《けんびきょう》が必要ですが）。そしてよく見ると、まんなかとはしでは骨の様子がちがうのがわかるでしょう。大腿骨のまんなかあたりでは、骨はしっかりした筒《つつ》や管《くだ》のかたちをしていて、なかに骨髄《こつずい》がはいっています。骨髄は、大人になるとほとんどが脂肪《しぼう》になってしまいますが、若いあいだは血液《けつえき》を作る細胞をたくさん含んでいます。

両はしでは、なかに骨髄がはいる空洞《くうどう》はなくて、海綿《かいめん》（スポンジ）に似た種類の骨が詰《つ》まっています。じっさい、海綿骨《かいめんこつ》と呼ばれています。もちろんスポンジみたいにやわらかくなく、フワフワもしていなくて、とてもかたいものです。

骨は生きていて、細胞と血管もいっぱいあるから、折れたときにも自分自身でうまく修理するのが得意です。折れてしまった骨は、動かさないのがいちばんです。だから脚《あし》や腕《うで》を骨折《こっせつ》すると、お医者さんは添《そ》え木やギプスをつけてくれるのです。二、三週間もすれば新しい骨が育って、折れた骨を「接着」し、もとに戻《もど》してくれます。もうわかってもらえましたね。骨はすばらしいものだということが!

75 食べものも水もなしにボートに乗っているとしたら、どうすればいい？

ロズ・サベージ（手漕《てこ》ぎボートで三つの大洋を単独横断した女性）

ラッキーなことに、わたしはそんな目にいちどもあったことがないわ。いつも食べものを山ほど積みこむし、海水を飲み水にする器具ももっているから。でももし、食べものがすっかりなくなり、飲み水を作る器具もこわれてしまったら、知恵《ちえ》を働かせるしかないわね。

食べもののほうは、魚をつかまえられる。ほんとうはそんなことしたくないけれど。わたしのボートの下にはいつも魚たちが集まってきて、何日もたつうちに、大きさや傷あとから一匹《ぴき》ずつ見分けがつくようになる。わたしはボートでいつもひとりぼっちだから、なかよくできるいちばん身近な相手が魚なの。ときどき話しかけることもあるくらい（でも魚が返事をするようになったら、こまるでしょうね）。だからそんな魚をつかまえて殺すなんて、できそうもない――それでも、どうしてもおなかがすいてしまえば、そうするほかに方法はないと思う。

水のほうは、日よけを使って雨水をためる。でもじつはこれが、とってもむずかしい。何日も何週間も雨がふらないことも多いし、雨がふっても風が強ければ、雨は横なぐりに吹《ふ》きとばされてしまい、ちっともたまらない。だから、近くをとおる船にも目をこらす必要があるわ。見つけたら合図を送って、水をくださいと頼《たの》むのよ。そんなときもらうのは、ペットボトルにはいっていない水だとうれしい。海にはプラスチックのゴミがいっぱい浮《う》かんでいるのを見ているから、わたしはペットボトルの水は使わないようにしているの。

やっぱり、航海の前にはしっかり準備をして、食べものも水もなくなるようなことがないよう、気をつけるしかない。海での暮らしはとてもきびしく、ボートがひっくり返ってしまうほどの大波が押《お》しよせることもあるし、嵐《あらし》も、サメもやってくる。それなのに、そのうえおなかが減って、のどもかわくなんて、とんでもない！

76 わたしのネコはどうしていつも家に帰る道がわかるの？

ルパート・シェルドレイク博士（生物学者、作家）

ネコが、すぐ近くの、前にも行ったことのある場所から家に帰る道がわかるのは、たぶん見なれた目じるしや建物、木などをおぼえているからだろう。きみが、よく知っている場所から家に帰るときと同じだ。でも、休日に出かけた先で飼い主の家族からはぐれ、家族はしかたなしに家に帰ってしまったようなとき、何キロメートルもはなれた遠いところからまったく知らない場所を通って家にたどりつくネコもいる。

イヌも同じだ。どうやら動物たちには、いちども行ったことのない場所からでも帰り道がわかるような、とくべつな方向感覚があるらしい。ときにはディズニー映画『三匹荒野《さんびきこうや》を行く』のように、何百キロメートルも先から帰れることもある。この映画は、ほんとうにあった話をもとにしている。

それでもネコとイヌの力は、動物たちがもっている方向を見つける能力の、ほんの一例にすぎない。伝書バトははるか遠くから自分のハト小屋を見つけることができ、ハトレースでいつもらくらくやってのける。レース用のハトは、一〇〇〇キロメートルもはなれたところから、たった一日で家に帰れる。家を目でたしかめることはもちろんできないし、科学的な研究では、行きにたどった道すじを記憶《きおく》しているわけでもない。太陽の位置を目安にしてもいない。なぜなら、くもりの日にも家に帰れるし、夜に飛ぶよう訓練することさえできるからだ。

動物たちが家に帰れる力（これを帰巣本能《きそうほんのう》と呼ぶ）には、地球の磁場《じば》がなにかの役に立っているらしい。地球には磁場があるせいで、方位磁石《ほういじしゃく》の針は北をさすから、きみはこの針を見れば、自分がどの方向にすすんでいるかがわかるね。ただ、もしハトがこの方位磁石と同じ感覚をもっているとしても、それだけでは説明のつかないこともある。きみが方位磁石をもって、知らない場所にパラシュートでおりたったとしよう。磁石の針はどっちが北かを教えてくれるけれど、どこに家があるかは教えてくれない。

わたりや移動をする鳥や動物たちがくりひろげるのは、もっとみごとなナビゲーションのはなれわざだ。イギリスのカッコウは、子を置きざりにしたまま、サハラ砂漠《さばく》を横ぎって南アフリカまでわたっていく。イギリスに残されたカッコウの子は、親の顔を見たこともないまま、別の種《しゅ》の鳥に育てられる。それなのに親鳥たちが飛びたってから数週間すると、若鳥たちも集まって、アフリカにある両親の故郷にちゃんとたどりつくのだ。

ここでもわたり鳥は磁場を利用して飛ぶように思えるけれど、それだけではやっぱり完全には説明がつかない。わたしは、動物は自分の家や故郷と、目に見えないゴムひものような場《ば》でつながっているのではないかと考えている。ハトを家から数百キロメートルもはなれた場所ではなしてやると、はじめに大きな輪を描《えが》いて空を飛んだかと思うと、まるでなにか強い力に引かれたかのように、とつぜん家をめざして一直線にすすみはじめる。カッコウの若鳥は、方向感覚を親から受けついでいて、先祖代々がもつ場に引かれているように見える。それは種ぜんたいの集合記憶《しゅうごうきおく》のようなものだ。でもこれは人間が考えた理屈《りくつ》のうえの話。動物たちがどんな方法でやっているのか、ほんとうのことはだれにもわからない。

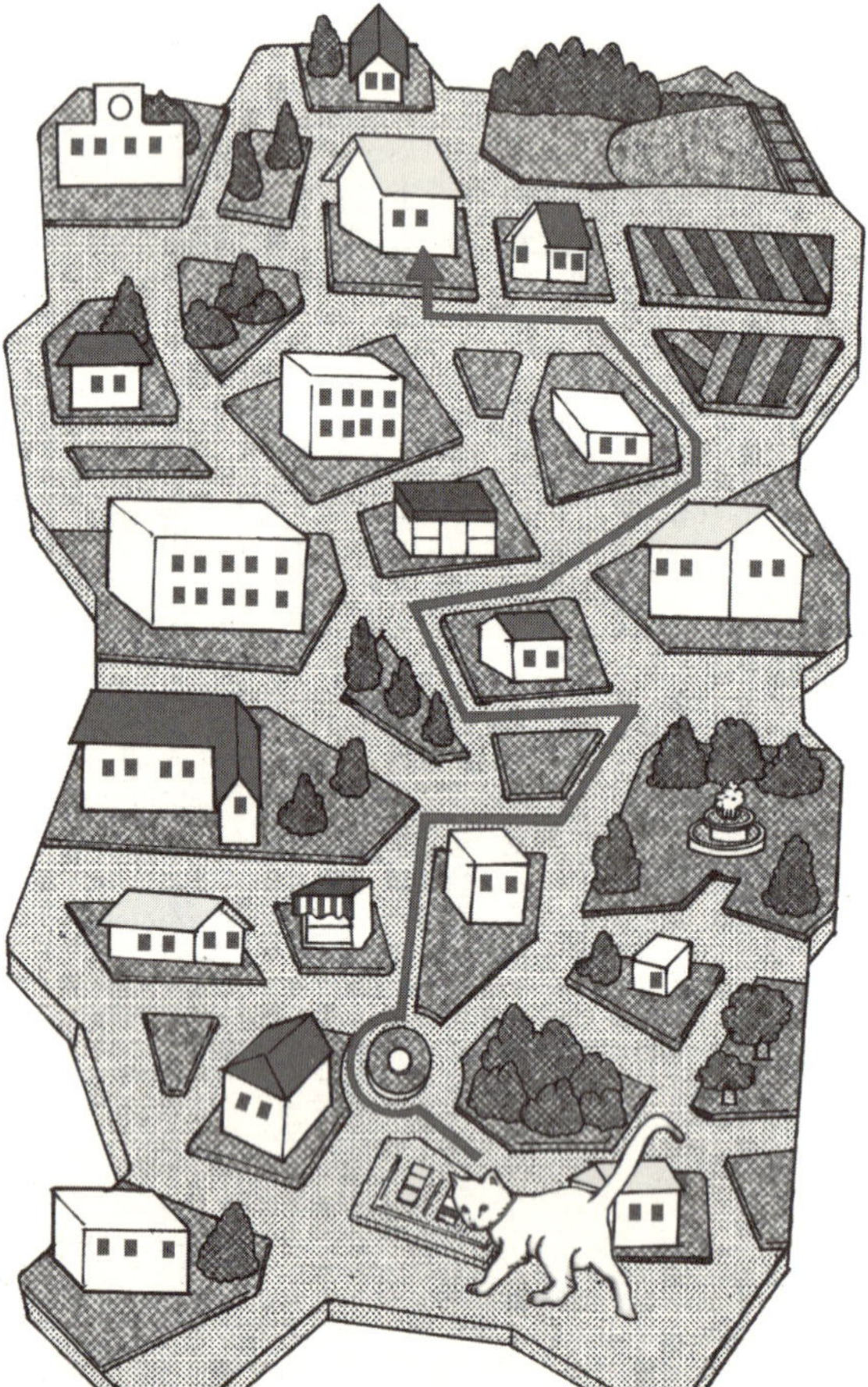

77 地球のなかには、なにがあるの?

イアン・スチュアート教授(地質学者)

岩だ。それも、厚さが六〇〇〇キロメートル以上もある岩! 六〇〇〇キロメートルといえば、だいたいフランスのパリからインドのデリーくらいまでの距離《きょり》だが、ここでは地球の中心まで、まっすぐ下にむかっての距離だ。

地球の中心にある核《かく》(「内核《ないかく》」)では、上からとてつもなく大きい圧力《あつりょく》がのしかかり、金属がたくさん含《ふく》まれた岩が押《お》しつぶされて、鉄の固体《こたい》になっている。そんな地底までおりていけるとすれば、ひとつで長さが何百メートルもある鉄の結晶《けっしょう》を見られるはずだ。

もう少し外側の、圧力はだいぶ減るが、温度はまだ太陽の表面より熱いような地点では、同じ素材の鉄が液状《えきじょう》になって流れている。ここは「外核《がいかく》」と呼ばれるところで、グルグルうずを巻いて荒《あ》れくるう鉄の海が、この惑星《わくせい》の磁場《じば》を生み、表面にのっている部分を動かしている。

黄身がちょっとだけかたまりかけた、巨大《きょだい》な半熟卵《はんじゅくたまご》を想像してみよう。黄身のドロドロしたところが、この外核みたいなものだ。そのまま半熟卵を思いうかべるとして、ゴムのような白身は、地球の外側のほとんどをおおう、もっと軽い岩の部分になる。ここは「マントル」と呼ばれている。数十キロメートルから数千キロメートルの深さにあるマントルの岩はとけるくらい熱いとはいえ、大きい圧力がかかっているために、固体か、あたたかい粘土《ねんど》みたいにつぶせる固体のような状態になっている。

その上にのっているのが、地球の表面の、とても薄《うす》い「地殻《ちかく》」だ。かたいけれど、もろいところもある、地球の「皮」のような部分で、厚さはふつう数十キロメートルほど。

この地殻になって、ようやく温度が一〇〇〇℃以下に下がる。それでも、その内側にある超高温《ちょうこうおん》のマントルからつねに熱が伝わってくるから、冷たくてかたい地殻は下側から砕《くだ》け、ジグソーパズルみたいないくつかのピースに分かれて移動している。このパズルのピースを「プレート」と呼んでいる。

プレートの分かれ目では、圧力が解放され、すぐ下のマントルの素材（卵の白身）が急にとけて上にのぼってくる。そして火山から溶岩《ようがん》として噴《ふ》きだす。

火山がいちばん噴火《ふんか》しやすいのは海底だ。なぜなら、海底の地殻がいちばん薄いからだ。この灼熱《しゃくねつ》のひびわれが冷やされて、新しい地殻が誕生する。ほかの場所では、プレートとプレートがぶつかりあってぺちゃんこに押しつぶされたり、一方がもう一方の下にもぐりこんだりして、地殻がくずれていく。このとほうもなく雄大《ゆうだい》なリサイクル計画で残された傷あとが、ヒマラヤ山脈やアンデス山脈のような、大きな山岳《さんがく》地帯《たい》だ。じっさい、地球の表面のどこをとっても、大陸、大洋、山地、火山と、数百万年にわたるプレート移動の結果を見ることができる。

でもほんとうにおどろくのは、この壮大《そうだい》な惑星のマシンを動かしているエンジンが、地面から何千キロメートルも奥《おく》深くにある、ところによってドロドロにとけた地球の心臓部《しんぞうぶ》に隠《かく》されているということだ。

78 神様ってだれ？

これは最もたくさんの子どもたちから寄せられた質問のひとつです。そしてもちろん、いろいろな答えが考えられる質問です。そこで、それぞれちがう見方をしている三人の物知りに答えてもらいました。

ジュリアン・バジーニ（哲学者《てつがくしゃ》）

神様ってだれ？　いい質問だね。じつをいうと、みんながそれぞれ神様がだれかについて考えをもっているようにみえて、ほんとうのことを知っている人はだれもいないんだよ。

多くの人たちは、神様はお父さんのようなものだと思っている。ただし、みんなにとってのお父さんだ。神様は宇宙をつくり、そこにいるみんなをつくり、わたしたちみんなを愛している。でもわたしたちが悪いことをすれば、叱《しか》り、罰《ばつ》を与《あた》える準備もしている。この神様を信じている人たちは、わたしたちが自分の両親に従い、愛するように、神様にも従って、愛するべきだと信じている。

ところがそういう人たちのあいだでも、神様はほんとうにだれかという点になると、意見がくいちがってしまう。人によって考えることがちがうから、たくさんのちがう宗教があり、それぞれの宗教のなかにもまたたくさんのちがうグループがある。

一方で、神様は人ではなくて、力のようなものだと考えている人たちもいる。世界には悪いこととよいことがあふれていて、「神」はわたしたちが「よいこと」につけた名前だと考えているんだね。

さらに、神様なんていないと思っている人たちもいる。宇宙がどうやってはじまり、わたしたちはなぜよい行いをしなければならないかを説明するために、人間が神様という考えを生みだしたのだ。でも今では、科学の助けを借りて世界をもっとよく理解できるようになったから、もう神様を信じる必要がない。その人たちはそんなふうに思っている。

だから、「神様ってだれ?」という質問に、かんたんな答えはない。きみがどの答えをいちばんほんとうだと思えるか、よく考えてみなければならない。そのときに、わたしからひとつアドバイスをしておこう。もし、神様がだれかをたしかに知っていると言う人がいたら、まず疑ってかかることだ。

メグ・ローゾフ（作家）

質問はいっぱいあるわね。神様は男？　それとも女？　それとも魚？　ヒツジ？　老人？　若者？　太っている？　やせている？　玉ねぎくらいの大きさ？　恐竜《きょうりゅう》くらい？　エベレストくらい？　カタツムリみたいにゆっくりしてるの？　流れ星みたいにはやい？　目に見えない？　お出かけちゅう？　じっくり話を聞いてくれる？　それとも、だれかが一万年前に思いついた、ただの考え？

神様が住んでいるのは天国？　雲の上？　遠い宇宙？　わたしの頭のなか？　聖書のなか？　それとも、どこにもいないの？

神様が人間をつくったと思っている人がいる。

人間が神様をつくったと思っている人がいる。

自分の信じている神様がただひとりの神様だと思っている人がいる。

神様はたくさん、何百人もいると思っている人がいる。

神様がだれでどんな存在かについて、意見が合わない人を殺してしまう人がいる。

神様はいないと、一〇〇パーセント、ぜったいに、信じている人がいる。

ただ……あんまり……よくは……わからない……と思っている人がいる。

神様は、気もちかもしれない。自分が安全だと感じさせてくれる、すてきな気もち。あるいは、「そんなことをしてはいけない」「あんなことをしてはいけない」「楽しいことに気をとられてはいけない！」と、心のなかで叫《さけ》ぶような気もち。神様は、あなたの頭のなかで聞こえる、ほかの人を傷つけてはいけないという声かもしれない。盗《ぬす》んではいけない、殺してはいけない、自分自身にうそをついてはいけないという声。さもなければ、ケチャップを使ったあとは必ずふたをしめなさいという声。

神様は、自然のようなものかもしれない。よく晴れた日や、海の波のようなもの。あなたが神様を見る必要があるときにだけ、神様が見えるのかもしれない。さもなければ、神様はいないのかもしれない。

あなたの神様が正しい神様ではないとか、あなたが神様について考えていることがまちがっていると言える人はいない。

あなたが神様を信じなくてもかまわない。神様があなたを信じなくてもいい。それはあなたの気もちしだい。そしてあなたはいつでも気を変えてかまわない。

フランシス・スパフォード（作家）

第一に、神様はそういう人ではない、という答えならあります。神様はスーパーヒーローではありません。神様はわたしたちのようでもありません。ただもっと強くて、はやくて、賢《かしこ》くて、とくべつな力を使って世界じゅうを飛びまわっています。じつのところ、神様はこの世界のものではありません。もしあなたが神様を信じているなら、神様は世界がある理由です。あなたの目にはいるすべてのものがそこにあるのは、神様がそうあるように愛をそそいでいるからです。

神様がいることを証明することはできません（神様がいないことも証明することはできません）。でも、神様を信じる人たちはたいてい——キリスト教徒、ユダヤ教徒、イスラム教徒のように——わたしたちは神様の存在を感じることができると思っています。わたしたちにとっては、心が平安なとき神様がいて、祈《いの》りの声のなかに神様がいて、ひとりぼっちでもさみしくないとき神様がいます。キリスト教徒の多くは、周囲に愛情深く接しているときに神様が最も身近にいると感じ、ユダヤ教徒とイスラム教徒の多くは、正しい行いをしているときに神様が最も身近にいると感じます。でも、神様がわたしたちのこと、わたしたちのすることを気にかけているという点には、だれもが賛成します。

わたしたちはまちがったり誤解したりすることもありますが、神様はけっしてわたしたちを見捨てたりはしません。どんなことがあっても、神様はわたしたちを愛しています。それが理想的なお父さんやお母さんのように聞こえるとしても、おどろくことはありません。神様を信じている人々にとって、神様はあらゆるもののお母さんでありお父さんだからです。

ひどいこと、なにかをめちゃくちゃにするようなことをすると、わたしたちは神様から遠ざかり、親切なこと、思いやりのあることをすると、神様に近づきます。神様にくらべ、わたしたちはつかのまの小さな存在で、ふたつの目という小さな窓から世界を見ているだけです。でもおかしなことに、神様のことを考えるとき、自分たちがちっぽけだとは感じません。少なくとも、ゆううつになったり、がっかりしたりすることはありません。その逆に、高い山のてっぺんに登り、真っ青な空に太陽がキラキラと輝《かがや》き、四方八方を遠くまで見とおせるように感じられます。世界は思っていたよりはるかに大きいことに、そしてたぶん、自分は思っていたより大きい存在なのかもしれないことに、気づくのです。

79 世界じゅうには何種類の甲虫《こうちゅう》がいる?

ジョージ・マクギャヴィン博士(昆虫学者《こんちゅうがくしゃ》)

現在、名前のついている甲虫の種《しゅ》はおよそ三八万七〇〇〇あります。生きものの種を分類して名前をつけはじめたのは三〇〇年ほど前のことで、それ以来、約一五〇万種の動物の特徴《とくちょう》が明らかにされ、名前がつけられてきました。そのうちのおよそ一〇〇万種が昆虫で、昆虫のなかで最も多いのが甲虫です。言いかえると、地球上の甲虫の種類は、ほかのどの生きものの種類より多いということになります。

ただし、正確な数はわかりません。同じ種にまちがえていくつもの名前がつけられることもあり、次から次へと新しい種も発見されています。昆虫がどうしてそんなに多いのか、とくになぜ甲虫がそんなにたくさんいるのか、質問したくなるかもしれませんね。昆虫は四億年以上も前からいて、たいていはからだが小さく、とても短い時間で子を産むことができるので、これほど栄えているのです。

それに、昆虫ははじめて空を飛んだ動物でした。鳥やコウモリがあらわれる何百万年も前から、昆虫は空を飛んでいました。多くの昆虫は二対《つい》のはねをもっていますが、甲虫の場合はこの二対のうち前側のはねがかたくなっています。前の二枚のはねは鞘《さや》翅《ばね》と呼ばれ、飛ばないあいだ、もっと大きくてこわれやすいうしろのはねを守ります。このため、甲虫は地球上のあらゆる場所で、さまざまに異なった環境《かんきょう》に住みつくことができました。

およそ一億年前に、花を咲《さ》かせるよう進化した植物があらわれると、甲虫はまったく新しいすみかと食べものを手にいれ、その種の数がめざましいいきおいで増えました。まだ発見されていない甲虫の種が、とくに熱帯の森にはたくさんいますが、それらの甲虫についてはなにもわからずに終わるかもしれません。すみかになっている森と、そこに暮らしている動物たちが、破壊《はかい》されつづけているからです。

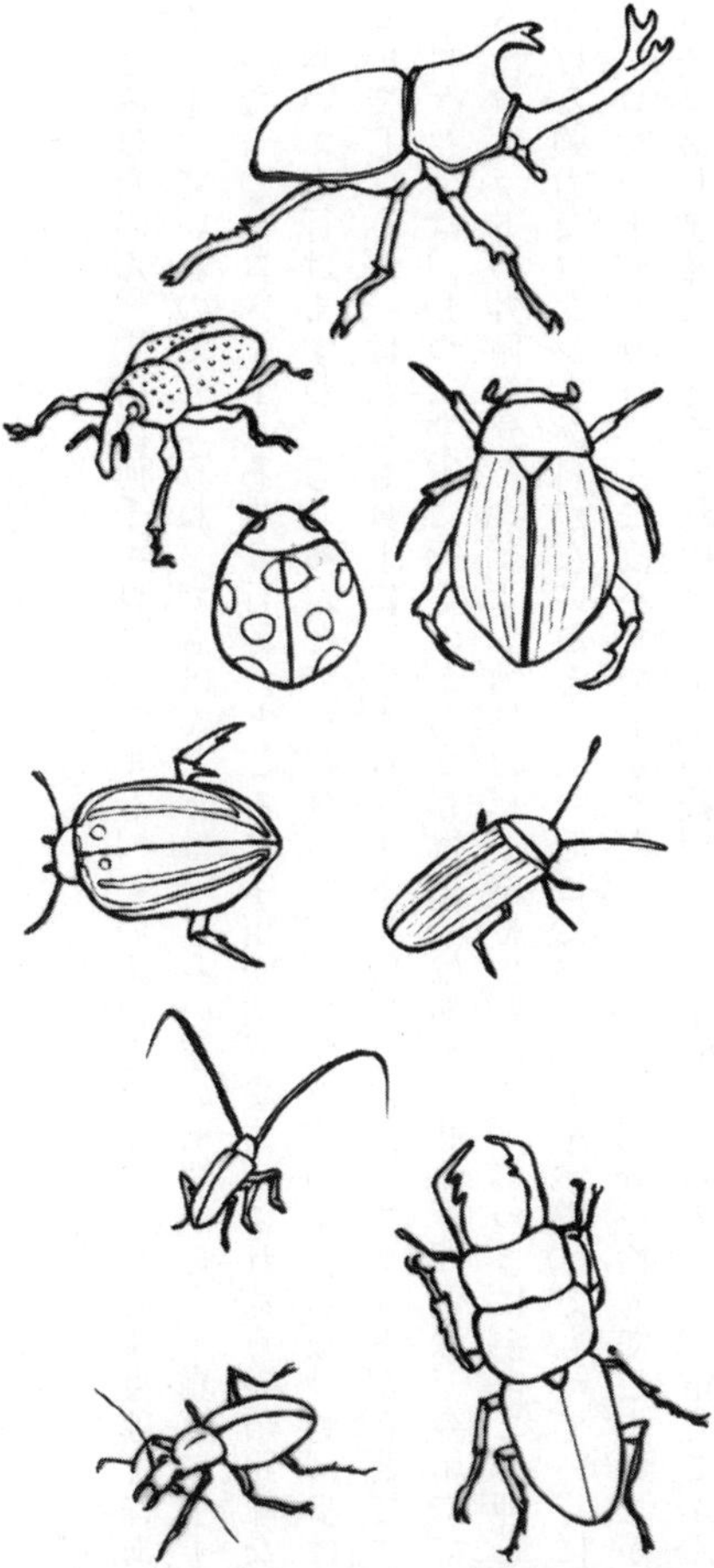

80 宇宙はどれくらい遠い？

マーカス・チャウン（宇宙の本の著者）

きみはたぶん、宇宙は何千キロメートルも、いいえ何百万キロメートルも遠くにあると思っているのでしょうね。でもほんとうは、きみの家の玄関《げんかん》から――真上に――たった三〇キロメートルあまり行ったところに宇宙があります。これくらいの距離《きょり》なら歩いても行けますね。もちろんとても疲《つか》れるし、ブツブツ文句《もんく》を言わなければ歩けないでしょうが。けれども真上に三〇キロメートルのぼるには、ロケットが必要です。

ロケットは、じつは宇宙に行くのがあまり得意ではありません。問題は、金属でできたロケットの外側部分とロケット燃料《ねんりょう》のぜんぶをまとめて、いっきに宇宙まで押《お》しあげる強力なロケット燃料がないことです。そこでロケットを宇宙までもっていくには、ロケットがじゅうぶんな高さまで上がったところで、一部分を捨ててしまうしか方法はありません。そうすればロケットの残った部分が軽くなるので、宇宙までかんたんに運べるようになります。

きみのお母さんかお父さんがスーパーマーケットまで車で買い物に行くたびに、車のほとんどを途中《とちゅう》で捨ててしまい、ハンドルと四個のタイヤだけになってしまうところを想像してみてください。またスーパーに行くためには、車を修理して、元に戻《もど》さなければなりません。ばかげていると思いますか？　でも、ロケットの場合はそうしなくてはなりません。打ちあげるたびに作りなおしているのです。宇宙に行くのに、とってもお金がかかるのも無理はありませんね。アメリカのスペースシャトルの打ちあげには、毎回、およそ五億ドル（およそ五〇〇億円）の費用がかかりました。

賢《かしこ》く宇宙まで行くには、三〇キロメートルの高さまでのぼれる「はしご」を作ればよさそうです。でもざんねんながら、はしごもそれほどの高さになると、たとえ今ある最強の金属で作ったとしても、はしご自身の重さにたえきれずにくずれてしまいます。でもどんどん強い金属が発明されています。きみが生きているあいだに、「宇宙はしご」のようなもの――よく「宇宙エレベーター」と呼ばれています――を見られる可能性は、じゅうぶんにあります。そしていつかは、安くかんたんに宇宙まで行けるようになるでしょう。夏休みの宇宙旅行も夢ではありません。

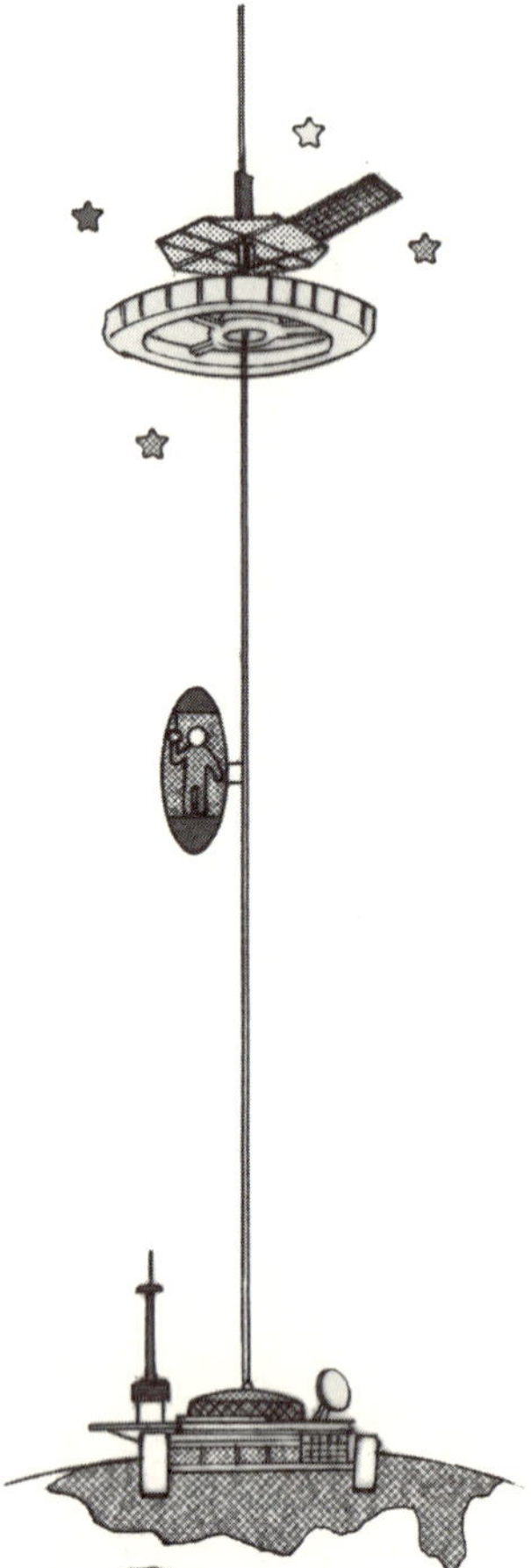

81 稲妻《いなずま》はどうやって起きるの?

キャシー・サイクス教授(物理学者)

空で稲妻が光るのを見ていると、ほんとうに華々《はなばな》しくて、目をみはります。とてもふしぎな現象で、今でもそのすべてがわかっているわけではありません。

稲妻はふつう「入道雲《にゅうどうぐも》」で起きるのは知っていますね。入道雲は信じられないほど高いところにでき、ときには二〇キロメートル以上もの高さになることもあります。そしてこの雲ができると雷雨《らいう》になります。たいていは灰色がかっていて、モクモクと、まるで怒《おこ》ったようにわきあがり、てっぺんが「鉄床《かなとこ》」のように平らになることもあります――雲のまんなかから長く上にのびた部分で、きのこのようにも見えます。

入道雲のなかでは、とても強い風が吹《ふ》いています(だから小さい飛行機が入道雲にはいっていくのは危険です)。この風が、湿《しめ》った空気をもっと上空の冷たい場所まで運び、そこで雨や氷の粒《つぶ》ができます。こうして雲のなかでわきおこる雨と氷と風によって、稲妻が起きるのではないかと考えられています。ただ、稲妻がじっさいにどんなふうに起きるかをもっとくわしくお話しする前に、原子《げんし》について、少しだけ知っておかなければなりません。

どんなものでもすべて、原子でできています。あなたは原子でできているし、岩も、水も、動物も植物も、空気の分子《ぶんし》も、ぜんぶ原子でできています。原子の中心には正《せい》（プラス）の電荷《でんか》があり、負《ふ》（マイナス）の電荷を引きつけてバランスをとっています。負の電荷をもっているのは、電子《でんし》と呼ばれるものです。正の電荷と負の電荷はおたがいに引きあうので、ふだんはしっかり結びついています。でも大きい力があれば、その結びつきを引きはなすことができます。そしてふたつの電荷がいったんはなれてしまうと、こんどは少しでもはやく、また結びつこうとします。

さあ、ここまでわかったら、入道雲のなかに戻《もど》ることにしましょう。雨粒が強い風にあおられて、氷の粒とはげしくぶつかりあい、負の電荷を正の電荷から引きはなすのではないかと考えられています。負の電荷をもつ電子は雲の下のほうに集まり、正の電荷は風によって雲の上のほうに吹きあげられます。どうやって電荷が分かれるのか、正確なことはまだわかっていません。いろいろな科学者が、異なる考えをもっています。でも、雲の下に負の電荷がたまり、雲の上に正の電荷がたまれば、稲妻が起きやすくなっていきます。電荷はまたいっしょになりたいからです。雲の底にできた強い負の電荷は、雲の上のほうにある正の電荷か、正の電荷が集まった下の地面と結びついて、またバランスのとれた状態に戻ろうとします。

やがて電荷の差が大きくなりすぎると、電子はじっさいに、なんとかして地面にたどりつこうとします。「先駆放電《せんくほうでん》」と呼ばれる、稲妻の最初の段階がはじまります。ふつうは五〇メートル以上の長さの、雲から地面にむかう稲妻です。それが枝分かれして、さらに先駆放電が起きていきます。その先が地面に近づくと、地面の正の電荷は、稲妻の先端《せんたん》の強い負の電荷と結びつきたくなります。

稲妻が光る雷雨のとき、もしも髪《かみ》の毛が逆立《さかだ》つように感じはじめたら、気をつけて！ あなたの正の電荷が、雲の負の電荷といっしょになりたがっています。あなたは先駆放電に引きよせられているのです。髪の毛は動きやすいので、あなたの電荷がなにかにむかって動こうとすると、それが目に見えます。

ほんの短い時間のうちに、先駆放電が地面にたどりつくか、地面からの正の電荷が放電の先端に届きます。すると稲妻が明るく輝《かがや》き、雲と地面のあいだで電荷のやりとりが起きます。稲妻のほんとうに明るい部分は、地面から正の電荷が雲にむかって流れる「帰還雷撃《きかんらいげき》（リターンストローク）」のほうです。先駆放電は、ほとんど目に見えません。

ときには雲のなかや雲と雲のあいだでも、稲妻が光りますね。雲の下の部分にたまった負の電荷から、雲の上の部分にむかって、先駆放電が起きることもあるからです。

どちらの場合も、この目をみはる光景は、別々の場所に分かれてしまった電荷のバランスをとろうとする自然の営みです。

82 背の高い人と低い人がいるのはなぜ?

ケイティ・ウッダード(法医学者)

だれでもみんな、自分の細胞《さいぼう》(すべての生きものを作っているもの)のなかに「DNA」をもっている。きみのDNAは、きみのお父さんとお母さんからもらった、魔《ま》法《ほう》の暗号のようなもの。お母さんのおなかのなかで育ちはじめたその日から、きみのからだで起きるあらゆることが、このDNAできめられている。

人種《じんしゅ》(人間の大きなグループ)によって、ぜんたいてきに背が高かったり低かったりすることがあるのには、気づいているかしら? これは長い時間をかけた進化の結果で、長い時間というのは何千年もの話! 理由はいろいろあって、たとえばそのあいだに、からだにいい食べものがどれだけたくさん手にはいったかどうかなどで、背の高さにもちがいが出てきたわけ。

でもそれだけじゃない! 花の種子《しゅし》をまいただけでは、きれいな花が咲《さ》くとはかぎらないでしょう？　花が咲くためには、日光と水と栄養分たっぷりの土がいる。それと同じように、きみもDNAの暗号に書かれている身長まで背をのばすためには、必要なものがあるの。人間の場合は、じゅうぶんな睡眠《すいみん》と運動、それからいちばんたいせつなのは、からだにいい食べものを食べること。新鮮《しんせん》な自然食品を、とりわけ家で作った、必要な栄養分がきちんとはいったものを食べるよう、いつも心がけてね。

83 おしっこはどうして黄色いの?

サリー・マグヌソン（ジャーナリスト）

おしっこのもとは、役目を終えた血液《けつえき》です。血液は、わたしたちがいろいろなすばらしいことをするのを助けてくれ、最後におしっこになるわけです。

血液が、からだのなかをガタゴトすすむ電車だと考えてみましょう。この電車は走りながら、わたしたちが元気でいるためになくてはならないあらゆる種類の荷物を、のせたりおろしたりしています。そして旅が終わると、そこにはいつも、いくつかの荷物が残されます。血液に残された荷物は、窒素《ちっそ》やアンモニアなど、数々のたいせつな化学物質《かがくぶっしつ》です。

こうして残った荷物を、わたしたちの腎臓《じんぞう》がたくさんの水といっしょに膀胱《ぼうこう》に送ります。そして膀胱から一日に何回か、シャーッとからだの外に捨てる——それがおしっこですね。

でも、どうして黄色いのでしょう？　血液を赤くしている細胞《さいぼう》は、ガタゴト走っているあいだに使い古され、すりへっていきます。その細胞は元気をなくすにつれて、色が黄色に変わります。そして最後におしっことといっしょに捨てられるので、おしっこが黄色くなるのです。この黄色い色素《しきそ》は、ウロクロームと呼ばれています。

ただし、おしっこがいつも黄色いわけではないことに気づいていますか？　食べたものによっては、その色が残ります。赤カブをたくさん食べたら、おしっこの色に注意してみてください。真っ赤になりますよ。ニンジンをたくさん食べれば、ちょっとオレンジがかった色に変わります。アスパラガスを食べたあとは、緑の色合いです。

また、水をじゅうぶんに飲んでいないと、おしっこの色は濃《こ》くなります。これは重大な問題です。むかしから、医師は患者《かんじゃ》のおしっこの色を見て、どんな病気かを判断してきました。イギリスの王様だったジョージ三世は、気の毒に心の病気にかかり、おしっこが青くなったそうです――ずいぶんショックだったでしょうね。

それから、おもしろいこともあります。おしっこにはたいせつな化学物質がはいっているのをおぼえていますか？　その物質を再利用できるのです。

古くから、人々は肌《はだ》におしっこをすりこんで、傷ややけどをなおしてきました。植物をひたして染料《せんりょう》を作った人たちもいます。パン作りにも利用されました（ほんとうです！）。花や穀物を育てる肥料にもなります。何百年にもわたって、信じられないかもしれませんが、火薬になくてはならない材料でした。

おしっこにはアンモニアが含《ふく》まれているので、ほとんどどんなものでもきれいにすることができます。古代ローマの人たちは服をクリーニングするのにおしっこを使ったし、織物《おりもの》を織る人たちは布の汚《よご》れをとるのに使いました。イギリスの人たちはむかし、バケツ一杯《ぱい》一ペニーで売ったそうです。今では無理ですよ！

それでも、今もまだいろいろな役に立っています。スコットランドの科学者は、おしっこで発電する方法を発見しました。デンマークでは、ブタのおしっこをリサイクルして、プラスチックや――うそじゃありません――口紅を作っています。アメリカの科学者たちはおしっこから水素《すいそ》を作り、いつかは自動車の燃料《ねんりょう》になるだろうと期待しています。

そうだ、それから目に見えないインクにもなります。

いつもトイレに流してしまう、なんということはない黄色い液体《えきたい》にしては、捨てたものではありませんね。

84 わたしはどうして退屈《たいくつ》するの？

ピーター・トゥーヘイ教授（学者、作家）

ゾウがどんなものかは知っているね。大きくて、灰色で、とても力もちだ。そして長い長い、灰色で毛の生えた鼻をもっている。ゾウは長い鼻を使って、ものをもち上げられるし、水を吸いあげることもできる。

ぼくにも長い鼻があれば、ぜったい退屈しないと思うなあ。自分の鼻で水を吸いあげ、友だちにシャワーをあびせて遊べるもの。ところが、ゾウだって退屈する。ゾウは退屈すると機嫌《きげん》が悪くなる。からだをユラユラゆらしながら、あの太い脚《あし》でドシンドシンと歩きまわり、長い鼻をところかまわず突《つ》きあげる。

ゾウの退屈をなぐさめるにはどうすればいいと思う？　音楽を聴《き》かせるといいんだ。ゾウはバイオリンで演奏するクラシック音楽が好きだ。ぼくはそれを聞いてもおどろかないな。だってゾウはとっても古めかしい動物だと、いつも思っていたもの。ものすごく長生きで、ものすごく年をとるまで生きられる。きみはゾウが好きな音楽はきらいかな？　きっときらいだろうな。きみはチンパンジーのほうに似ているかもしれない。北アイルランドのベルファスト動物園の研究者が発見したところによると、チンパンジーはロックンロールを聴くと、退屈やご機嫌ななめがなおるんだよ。

でもゾウは、どうして音楽を聴かなくちゃならないほど退屈するんだろうか？　ゾウは、小さい動物園にいて、あんまりすることがないと退屈する。友だちといっしょにあちこち歩きまわったりできないと、毎日わかりきったことしか起きないと、退屈する。朝ごはんは干し草、昼ごはんは干し草、夜ごはんも干し草。毎日同じベッドで寝《ね》て、毎日同じ古いおりで暮らす。むかしからの友だちしかいない。

きみも同じようなわけで退屈するんだよ。あんまりすることがない。友だちがどこかに出かけちゃった。ほんとうは外で遊びたいのに、家のなかで静かにしていなくちゃならない。

退屈するのは、さびしくなったり不機嫌になったりしないように、きみのからだがなにかちがうことをしようよと訴《うった》えているときだ。友だちや家族といっしょに出かけて、新しい、ワクワクするようなことを見つける必要がある。次に退屈したら、ゾウのやりかたを試《ため》してみよう。音楽をかけ、長い鼻を思いっきりふるんだ。さもなければばサルになって、ロックンロールを聴いてごらん。

85 口のなかにはほんとうに、やりをもった悪魔《あくま》が住んでいるの?

リズ・ボニン(科学・自然テレビ番組のプレゼンター)

口のなかに悪魔は住んでいません。でも、もっとずっとおもしろいものが住んでいます。わたしたちの口のなかは、細菌《さいきん》、ウイルス、菌類《きんるい》などの微《び》生物《せいぶつ》が何百種類も暮らせる、おあつらえむきの場所なのです。

じつをいうと、あまりたくさんの種類が住んでいるので、微生物学者にもまだぜんぶはわかっていません。目に見えないほど小さくて、口のなかのいろいろな場所――舌のしわしわのなかや、歯ぐきと歯のあいだ、口の天井《てんじょう》側など――で、とても快適に暮らしています。一本の歯だけをしらべても、このおもしろい生きものたちが何十万も見つかります。

口のなかにいる細菌はバイオフィルム(生物膜《せいぶつまく》)と呼ばれる集団を作って暮らし、なかまどうしやちがう種《しゅ》の細菌とも連絡《れんらく》をとりながら、歯にすみかを作ったり、新しい場所に進出したりします。

電子顕微鏡《でんしけんびきょう》というとくべつな器具で数千倍に拡大して見ると、ちょっとおそろしく見える細菌もいますが、たいていの生きものは、ほんとうはよいことをしています。わたしたちを悪い細菌から守り、歯のあいだに残った食べものを分解し、口のなかを健康に保つのに役立つものを作りだしているからです。

わたしたちのからだの自然免疫《めんえき》システムは、こうした小さな生きものの数を一定におさえるのが得意で、細菌などが害になるほど増えないようにしています。だからきちんと歯をみがき、いつもさわやかな口にしておけば、小さな生きものがみんな申し分なく安定した暮らしをつづけられ、わたしたちに悪さなどしません。

でも、虫歯のことはだれでも知っていますね？　歯と歯ぐきをちゃんと手入れしないと、ある種類の細菌が歯を傷つけてしまいます。いちばんよく知られているのが、ストレプトコッカス・ミュータンスとラクトバチルス・アシドフィルスの二種類です。これらの虫歯菌《むしばきん》は、みんなが大好きな甘いお菓子《かし》やチョコレートにはいっている糖を分解するときに、酸《さん》を作るのです。

ふつうは、わたしたちのつば（唾液《だえき》）が細菌の作った酸を退治してくれるので、問題はありません。でもこのごろ、わたしたちは精製《せいせい》された糖をたくさん食べすぎるので、虫歯菌にとっては毎日がクリスマスみたいになっています。口のなかに糖がたっぷりあるので、細菌は唾液がやっつけられないくらいたくさんの酸を作ってしまいます。酸は歯をとかして穴をあけます。だから、まだ砂糖を精製する方法がわからず、食べものに今ほどいっぱい砂糖を使わなかったころにくらべて、歯医者さんに通わなければならない回数がぐんと増えました。

それでも、規則正しく歯をみがき、歯と歯のあいだをきれいにしておけば、歯に穴があいたりせずにすみます。そしてそのほかの役に立つ微生物たちが、うまく元気でいられるようにしておけます。

わたしたちは、自分がこの地球に住むことができている恩返しに、このすばらしい微生物たちが暮らせるすてきな場所を、口のなかに用意しているのです。そう考えると、なんだか楽しくなりませんか?

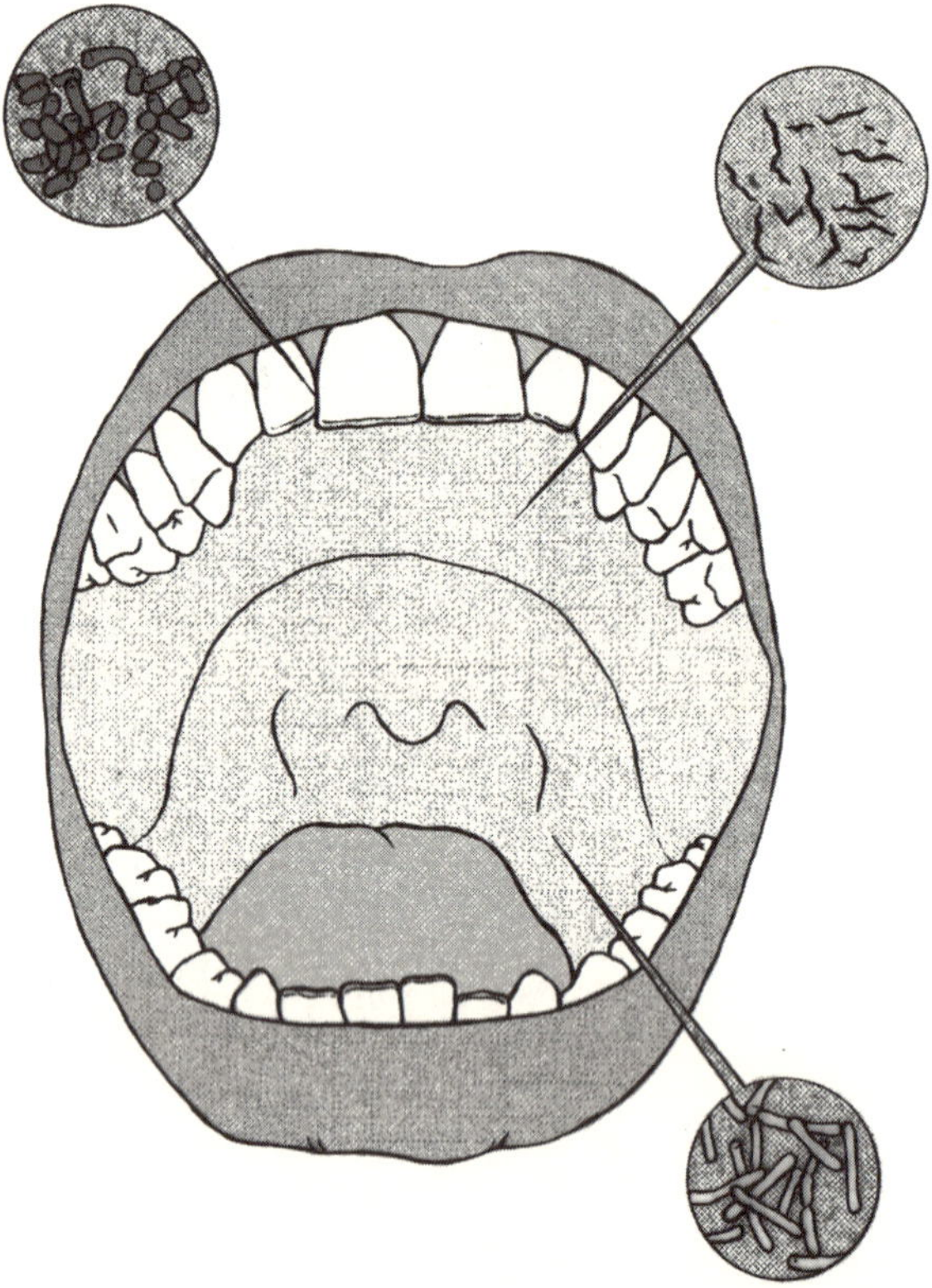

86　わたしたちはなぜ夜になると眠《ねむ》るの？

ラッセル・G・フォスター教授（時間生物学者、神経科学者）

わたしたちが夜になると眠るのは、昼間に活動するよう、からだが慣れているせいだ。ほかの動物のなかには、コウモリやアナグマのように、昼間は眠って夜になると活動するものもいる。夜のあいだに、食べものになる生きものをつかまえるんだよ。

人間は明るいところでは目がよく見えるけれど、夜にはあまり見えなくなって、自由に歩きまわるのはむずかしい。コウモリとアナグマは目が悪いので、夜のあいだ動きまわるには、音とにおいに頼《たよ》っている。でもそれだけでは、わたしたちがどんなふうにして夜になると眠くなり、朝には目がさめるかを、説明できないね。

いつ眠るかは、脳がわたしたちに指図《さしず》している。脳の奥《おく》のほうに生物時計があって、およそ五万もの神経細胞《しんけいさいぼう》が、目ざまし時計みたいな役割を果たしているんだ。その時計がからだのほかの部分に、一日のうちの何時ごろになにをするか、そしていつ眠っていつ目ざめるかを命令しているわけだね。からだがどれだけ疲《つか》れているかにも、脳の別の部分がちゃんと気をくばり、目をさましてからの時間を測っている。目をさましている時間が長くなればなるほど、疲れぐあいも大きくなる。

時差《じさ》のある遠くの国まで、何千キロメートルも飛行機で移動すると、時差ぼけが起きる。イギリスが昼間のとき日本では夜で、イギリスの人たちがそろそろ寝《ね》るころ、日本の人たちはそろそろ起きる。わたしたちの体内時計は、すぐには新しい時間帯に順応《じゅんのう》できなくて、慣れるまでに数日かかってしまう。だからイギリスから日本に行くと、脳内の時計が新しい時間帯に切りかわるまでのあいだ、へんな時間に疲れたりおなかがすいたりする。時差がなおるのは、新しい場所で目が光を見ることで、体内時計が調節されるからだよ。

こうして体内時計と疲れぐあいがいっしょになって、睡眠《すいみん》のパターンを整えている。眠っているあいだ、脳のスイッチがすっかり切れていると思っている人が多いけれど、それはまちがいだ。脳のある部分は、目がさめているときより眠っているあいだのほうが、活発に動いているくらいなんだからね！　これは、眠っているあいだに昼間起きたことを思いだし、新しい情報をきちんと理解できるように、脳が助けてくれているからだ。朝、目がさめたとたん、何年もとけなかった問題の答えがひらめいたという人がおおぜいいるよ！

からだのほかの部分も、眠っているあいだにいろいろ変化する。若者は、目がさめているあいだより眠っているあいだのほうがたくさん成長するし、傷は夜のあいだになおされることが多い。若いころ、昼間に脳を全力で動かすには、毎晩九時間の睡眠が必要だ。

きちんと睡眠をとれば、問題がよくとけ、気分も明るくなり、スポーツもうまくでき、冗談《じょうだん》さえいつもよりおもしろく感じるようになる。大人になると睡眠時間が減って、毎晩五、六時間しか眠らない人もいる。でもそれが長くつづくと、からだの調子がとても悪くなって、消化《しょうか》する力が落ちたり、心臓《しんぞう》に影響《えいきょう》が出たり、ときには気分が落ちこむ病気になってしまうことさえある。

眠ることがとてもたいせつな理由は、長いあいだ知られていなかった。今では、眠っているあいだにからだのなかで、いいことがたくさん起きるのがわかっている。睡眠は、わたしたちが元気で明るく暮らすのに役立っているんだよ。だから、じゅうぶんに眠るようにして！

87 いつかは過去に戻《もど》れるようになる？

ジョン・グリビン博士（サイエンスライター、SF作家）

タイムトラベルはできるけど、タイムマシンを作るのがとてもむずかしい。時間を旅するには、ふたつのブラックホールが必要になるだろう。空間と時間がどうなっているかを説明する物理学の法則では、そうなる――その法則というのは、アルベルト・アインシュタインが一般相対性理論《いっぱんそうたいせいりろん》で考えだしたものだ。

ブラックホールは、空間と時間にあいた穴みたいなもので、タイムトンネルを使ってふたつをつなげば、片方からとびこんで、ちがう時間にある反対側に出られるはずだ。今ここでタイムトラベルができると話すのは、石器時代《せっきじだい》の人たちが、宇宙旅行ができると話しているのと同じようなものだ。石器時代の人は、機械を作る方法がわかれば宇宙旅行ができるけど、わかるまではできないわけだからね。

もうひとつやっかいな問題がある。法則によれば、タイムマシンを作った時点より前の時間には、あと戻りすることはできないのだ。地下鉄の線路がつづいていないところへは、地下鉄に乗って行けないようなものだな。筋《すじ》がとおっている話だ。だってその過去には、今に戻ってくるタイムマシンがなかったわけだから。ブラックホールの反対側は、それが作られた日につながる。

だから、もしだれかが明日タイムマシンを作れば、それを使って未来のどこにでも行けて、明日に戻ってこられるはずだ。でも昨日には行けない。今の世界に未来からやってきたタイムトラベルの観光客がウロウロしていない理由を、それで説明できる。これまでにだれもタイムマシンを作っていない証拠《しょうこ》だ。少なくとも、今まではね。今日から過去に戻れるただひとつの希望は、だれかがこれまでに作ったタイムマシンを見つけられるかどうかになる。

そういうタイムマシンを見つけたとしたら、きみはどこに行きたい？　ぼくは一〇〇年前に戻って、空間と時間がどうなっているかを明らかにしたアインシュタインに会いたいなあ。

88 火はどうやってもえるの？

ドクター・バンヘッド（スタントサイエンティスト）

火をつける方法なんて、教えてあげないよ。だってたいせつな秘密だもの。それにものをもやすのは、とっても危険だからね！　友だちとか靴下《くつした》とかなにかに火をつけたりしちゃあ、ぜったいだめなんだから。

でももし、少しだけ教えてあげたとしたら、内緒《ないしょ》にしておける？　だれにも話しちゃだめだよ？　いちばんのなかよしか、ペットのタランチュラ以外にはね。やりかたを、うんと気をつけて紙に書くって約束して。書いた紙はちっちゃくなるまでおりたたむこと。それに鼻水をまんべんなくぬりつけること。それを古い爪《つめ》の切りかすをいっぱいためこんだびんに隠《かく》して、気もち悪がってだれも読もうとしないようにすること。約束だよ？

よし、それじゃあ科学者の秘密をうちあける準備はできたな。

火の材料

だれものぞいていないかい？　よしいくぞ……

1　燃料《ねんりょう》をすこし
2　熱をすこし
3　空気をすこし

これでぜんぶだ。火をもやす材料は三つだけ。でも、科学のことももうちょっと知っておかなくちゃいけない。だからつづきを読むんだよ。ものすごく退屈《たいくつ》だけどね（火が好きじゃない人には退屈だけど、火が好きなら、ものすごくおもしろい）。

秘密の材料1…燃料
燃料というのは、もえるもののことだ。木、紙、油、石炭は、どれもみんな燃料だ。手、石、ペーパークリップ、鼻水なんかは、いい燃料にはならないな。

秘密の材料2…熱

火をつけるには、熱いものが必要だ。火花でもいいし、なにかを思いきりはやくこすりあわせてもいいし、虫めがねで太陽の光を集めてもいい。ほかにも使えそうな熱いものはいろいろ思いつくかもしれないね。

秘密の材料3…空気

火をもやすには空気がいる。じっさいに必要なのは空気にはいっている、あるものだけどね。それがなにかは、いちばんの秘密だから、最後まで読まないとわからないよ。

自分だけで火をもやす方法

両手を強くこすりあわせる。もっとはやく。できるだけはやく！　てのひらが熱くなってきたかい？　まだ火はつかないかな？　だめ？　心配しなくていいよ。きみの手に火はつかないから。どんなに強く、はやく、やけどするくらい熱くなるまでこすってもだめだ。おぼえているよね。手はいい燃料じゃないから、火をつけるには役立たずなんだ。

火をもやすには、まず燃料がいるね。乾《かわ》いた木がいい燃料になる。それからその燃料を、じゅうぶんに熱くしなくちゃいけない。木と木をとてもはやくこすってやれば、木は熱くなる。さいごに、フ――――ッとやさしく息を吹《ふ》きかけて、空気を送りこんでやる。ほら、火がつくぞ。

なにかに火がついたら、火は熱を出して、もっともっと熱くなる。あまり熱いものだから、そばにあるものにも火がついて、まわりじゅうが火だらけになる。だから、火をもやすときにはとってもとっても気をつけなくちゃいけない。火をもやす方法がわかった人は、火を消す方法も知っておく必要がある。でもそれは次の機会に。

科学のいちばんの秘密

1　もえやすいことを、科学の言葉では「可燃性《かねんせい》」があるという。

2　もえることを、科学の言葉では「燃焼《ねんしょう》」という。

3　空気にはいろいろな気体《きたい》がはいっている。火をもやすのになくてはならない気体は、秘密のなかのいちばんの秘密……シ――ッ……その気体は「酸素《さんそ》」だ。

89 世界にはどうしてたくさんの国があって、ひとつの大きい国ではないの？

ダン・スノウ（歴史学者）

人間は、みんな同じ人間なんだけれど、ぼくたちの大むかしの祖先たちは、世界のはしからはしまで旅をした。そして旅をしたさきざきで住みつき、それぞれに発展していった。何千年もの年月がすぎるうちに、肌《はだ》の色がちがう人が生まれ、ちがう言葉、ちがう宗教、ちがう生活様式ができあがった。

何千年も前に、人間は国をつくりはじめた。中国、日本、エジプトなどの国ができた。でもこまったことに、たとえば中国の人たちはエジプトの人たちがいることさえ知らなかった。まだ車も電車も飛行機もなかったし、電話やインターネットはもちろん、大きい船もなかった時代だからね。だからおたがいに連絡《れんらく》をとりあって、みんなでひとつの国にしようときめることもできなかった。

いろいろな国が、ほかにも国があることを知ったのはだいぶあとになってからで、そのころにはもう、みんなの国をまとめてひとつの国にしたいと思う人は少なくなっていたんだ。王、女王、皇帝《こうてい》、天皇《てんのう》、そのほか国々のいちばんえらい人たちは、別の国とひとつになりたいとは思わなかった。手にいれた権力やお城を、ほかのだれかと分けっこするのがいやだったんだね。

だから家臣《かしん》たちにも、ほかの国とは別の国のままでいようと話し、家臣たちもたいていは君主《くんしゅ》に従った。ほかの国の人を好きではなかったし、信用もできなかった。なにしろ言葉がちがい、知らないものを食べ、ちがう神をうやまい、見かけまでちがったのだから。みんな自分の国の人たちだけで暮らすのに慣れていたので、自分たちの国を守りたいと思った。自分の国のことならよくわかった。別の国の人もいっしょになれば、なにもかもが変わってしまうかもしれない。変わることをこわがる人は多いんだ。

なかには、小さい国がたくさんあるなんてばからしいと考えた人もいる。みんながひとつの国で暮らすほうがずっといいと思ったのだ。そしてできることなら、その国を自分で支配したいと思った。そこで別の国を攻《せ》めて占領《せんりょう》しようと、軍隊を送った。でも占領された国の人たちは、元《もと》の国に戻したいと思った。新しい外国の人に支配されるなんていやだし、攻められたこと、友だちが殺されたり傷つけられたりしたことに、腹を立てていたからね。

　今のぼくたちは、世界じゅうを旅行でき、どこにいたってインターネットで話すこともできる。どこに行っても同じ食べものがある。もうすぐコンピューターが、人間が話すのと同じスピードで、ちがう言葉どうしを翻訳《ほんやく》してくれるようになるだろう。大むかしの祖先にくらべて、ほかの国の人々との共通点はどんどん増えている。国際《こくさい》連合《れんごう》や欧州連合《おうしゅうれんごう》では、いろいろな国がなかよく協力すること、そしてたくさんの国で同じ法律を作って同じ権利を保つことに賛成している。たぶんぼくたちは、世界でひとつの大きい国で暮らせる時代に、ゆっくりと近づいているんだと思う。

90 なにが、わたしをわたしにしているの？

これは、寄せられた質問のなかで最も答えがむずかしいもののひとつです。そこで、古代の人類の専門家、心理学の教授、子どもの本の著者の三人に考えをたずねました。

クリス・ストリンガー教授（古人類学者）

大人がごちそうを作っているのを見ると、まず肉と野菜と調味料なんかの材料を集めてから、料理の本でレシピを見たりしているよね。

きみのからだがそのごちそうだとすると、材料は、からだを作りあげてうまく動かしている、小さな細胞《さいぼう》といういろいろな化学物質《かがくぶっしつ》だ。

からだのなかでその材料をどうやって準備し、まぜあわせ、ちがう料理にするかを教えるレシピは、遺伝子《いでんし》コードと呼ばれている。きみの作りかたを書いた、とても小さいけれどとても長い、説明書みたいなものだね。この遺伝子コードは、きみのいのちをお母さんのおなかのなかで誕生させた卵《らん》のなかにはいっていた。

ぼくたちの遺伝子コード（レシピ）は、ひとりひとりで少しずつちがっていて、わずかにちがう材料のリストと、わずかにちがう材料の準備方法が書かれている。カレーにだっていろんな種類があるように、材料の組みあわせと料理のしかたは無数にあるから、ぼくたちそれぞれを作ったちょっとずつちがうレシピのせいで、たくさんのちがう人たちがいる。

それが、きみがきみである理由だ。だからきみは、きみだけの姿と大きさと肌《はだ》の色になり（ただし一卵性双生児《いちらんせいそうせいじ》のきょうだいがいる人は別だよ——レシピである遺伝子コードが、ほとんどそっくりだからね）、世界じゅうどこをさがしても、きみのような人はほかにいない！

ゲアリー・マーカス教授（認知《にんち》科学者、作家）

きみをきみにしているもの？　それは、きみが思いつく、まさにあらゆるものです。

きみの頭、腕《うで》、足の指、心臓《しんぞう》、そしてとくに、きみの脳。

もしもきみが足の指を失ったとしても――もちろん、なにかの不幸な事故が起きたとして――きみはやっぱりきみで、「足の指がないきみ」になるだけです。それがきみの左腕でも、右のひざでも、たとえ両方でも、同じことがいえるでしょう。

でもきみの脳となると話はちがいます。きみを最もきみらしくしているものが、きみのどこかにあるとするなら、それはおそらく脳です。きみの頭のなかにおさまっている一一〇〇グラムか一二〇〇グラムくらいの脳が、きみの考え、判断、記憶《きおく》を助けてくれています。

脳がなければ、朝どうやって起きたらいいかもわかりません。なんの考えも浮《う》かびません。自分がだれだかも思いだせないでしょう。「なにが、わたしをわたしにしているの?」という質問をすることすらできません。

でもここで、もうひとつの質問が出てきます。なにが、きみの脳をきみの脳にしているのでしょう? 買い物に行って、新しいシャツや靴《くつ》を選ぶことはできますが、きみの脳は、生まれたときからずっともっている脳です。心臓を取りかえることはできるとしても、もし脳を取りかえてしまったら、きみはもうきみではなくなってしまいます。脳を取りかえたりすれば、きみの人格がすっかり変わってしまうからです!

陽気か悲しそうか、やさしいか意地悪か、だれとでもなかよくなれるのか恥ずかしがりかは、脳できまっているからです。

きみの脳は、きみがまだお母さんの子宮《しきゅう》のなかにいたときにできはじめました。細胞が平らに集まった膜《まく》のようなものが、折りたたまれて管《くだ》になります。その管がふくらみはじめ、やがて半分に分かれます（半分ずつはそれぞれ脳半球《のうはんきゅう》と呼ばれます）。それがさらにいろいろな部分に分かれて、ものごとをきめる働きをする前頭葉《ぜんとうよう》、聞いたことの理解を助ける側頭葉《そくとうよう》などができていきます。

きみの脳の基本的なかたちのほとんどは、遺伝子によって、両親から受けついだものです。でもそれからあとは自分しだい。きみがなにか新しいことを学ぼうとするたびに、きみの脳は変わるのです。新しい脳をインターネットで注文することはできませんが、毎日新しいなにかを学ぶことで、今ある脳をもっとよくすることができます。

ふたつとして同じ脳はないので、ふたりの人が同じように考えたり、同じように行動したりすることはありません。ほかのどんなものよりも、きみの脳が、きみをきみにしています。

マイケル・ローゼン（作家、詩人）

わたしは両親を見て、こう言います。「わたしになにをくれたの？」わたしは自分のおじいさんとおばあさん、おじさんとおばさん、いとこたちを見て、こう言います。「わたしになにをくれたの？」通《かよ》った学校や参加したクラブを見て、こう言います。「わたしになにをくれたの？」行ったことのある場所を見てこう言います。「わたしになにをくれたの？」友だちや大好きな人たちを見て、こう言います。「わたしになにをくれたの？」行ったことのあるお芝居《しばい》、読んだことのある本、見たことのある映画、教わった詩を見て、こう言います。「わたしになにをくれたの？」ニュースを見て、ニュースのことで人が話すのを聞いて、こう言います。「わたしになにをくれたの？」

これでぜんぶかな？　もうぜんぶ言ったかな？

そうは思いません。だれかをぬかしています。なにかをぬかしています。わたしとわたしの心には、こうしたすべてが、たくさん、たくさん、たくさんのものをくれたので、わたしはこれまで考え、話し、書いてきました。肉ひき機とおろし金《がね》とミキサーと圧力《あつりょく》なべをあわせたようなものを使って、それをぜーんぶ、よーくかきまぜたようなものです。それがわたしを作りあげてきました。

それでもまだぜんぶではありません。

ほんとうに?

ええ。わたしはかきまぜるのに使う肉ひき機とおろし金とミキサーと圧力なべを作ったわけではないからです。細かくして、すりおろして、まぜて、煮《に》るのは、わたしの心です。それでも、わたしの心を作ったのはわたしではありません! わたしは作るのを手伝っただけなのです。そう、いろいろな人やものが、いろいろなものをわたしにくれるあいだに、それを手伝いました。

わたしたちは自分を作っているあいだに、ほかの人によって作られます。ほかの人がわたしたちを作っているあいだに、わたしたちは自分を作ります。

91 ウシが一年間おならをがまんして、大きいのを一発したら、宇宙まで飛んでいける？

メアリー・ローチ（サイエンスライター）

ウシが山ほどガスを出すのはほんとうの話。ほとんどがメタンで、ウシの巨大《きょだい》なゴミ箱サイズのルーメン（四つに分かれた胃《い》の、最初の部屋）で草を分解するとき、細《さい》菌《きん》が作るものよ。でもね、ルーメンガスは、ほかの胃で発生するガスと同じで、おならにはならないの。人間が炭酸《たんさん》のジュースやビールを飲んだあと、胃にはいった炭酸はげっぷになって出てくるけれど、おならにはならないでしょ？　おならはもっと下の腸《ちょう》で作られるもので、ウシの場合、腸ではほとんど消化《しょうか》が行われていない。

それにね、ウシはおならをしないだけじゃなく、げっぷもしないのよ。友だちの家のおとまりパーティーにウシが来ても、ちっともおもしろくないわね。ウシやそのほかの反芻《はんすう》動物は、メタンをからだの外に出すための、すばらしいしかけをもっているんだもの。ウシのおならとげっぷの専門家、カリフォルニア大学デービス校のエド・ディピータース畜産学《ちくさんがく》教授は、そのしくみを次のように説明している。

ウシやアンテロープなどが、ルーメンがふくらんで苦しくなったと感じ、少し場所をあけたいと思うと、メタンガスを吐《は》きださなくてはならない。でも胃からそのままげっぷにして出すと、音がして、敵に自分のかくれ場所がばれてしまうかもしれない。そこでメタンガスをうまく肺《はい》のほうにまわして、息といっしょに、しずかに吐きだすことができる。とてもお上品に。

それはそれとして、質問に戻《もど》ることにしましょう。ウシが一年間に息といっしょに吐きだすメタンガスを集めると、一頭で八五キログラムほどになる。ところで、メタンは可燃性《かねんせい》が高い。つまり、かんたんにもえるということ。かんぺきね！　メタンをぜんぶ圧力《あつりょく》タンクにためておけば、勇敢《ゆうかん》な宇宙飛行ウシにベルト固定式のロケットをつけ、その燃料に使えるわけだから。

ウシがどれだけ高くまで飛べるかをたしかめるために、レイ・アロンズという正真《しょうしん》正銘《しょうめい》のロケット科学者にたずねてみたわ。レイは、月面まで宇宙飛行士を運んだクモのように見えるアポロ月着陸船《つきちゃくりくせん》のエンジンをテストした人で、レイによれば、この着陸船の設計図はニューヨークのロングアイランドにある食堂のナプキンの裏に描《えが》かれたそうよ。

レイは宇宙に飛ぶウシのために、安定のよいダブルノズルエンジンと、空気抵抗《ていこう》を減らす空気力学《りきがく》を駆使《くし》した超軽量《ちょうけいりょう》ハイテク飛行服をすすめてくれた（この飛行服を着れば、打ちあげ前の記者会見で、ウシがほんとうにえらそうに見えるし）。それからロケット科学者として、計算もきちんとしてくれた。

レイの計算では、八五キログラムのメタンガスがあれば、およそ三三秒間にわたって九〇〇キログラム重の推進力《すいしんりょく》を出せるとのこと。これだけあれば、空気力学的に抵抗のない流線形《りゅうせんけい》をした体重六八〇キログラムのウシを、高度五キロメートルくらいまで打ちあげられる。宇宙がはじまる高度はおよそ三二キロメートルだから、あなたの質問への答えは、技術的に「できない」となるわね。でもレイはとても感心していたわ。「このメタンエンジンはホットだ！」って。

92 海の水はどうしてしょっぱいの？

マーク・カーランスキー（ジャーナリスト）

海水がなぜ塩からいのか、みんな長いあいだずっとふしぎに思ってきました。塩はどこからやってくるのでしょう？　海の底の土からしみだしてくるのでしょうか？　それなら、なぜ海底の土には、川底の土や陸地の土よりもずっとたくさんの塩が含《ふく》まれているのでしょうか？

この謎《なぞ》をとく第一のヒントは、川の水にも湖の水にも塩が含まれているということです。海の水よりずっと塩分が少ないので、しょっぱいのに気づかないだけです。

だから、海の水がしょっぱい一番目の理由は、世界じゅうの川から少しだけ塩分のはいった水が海に流れこんで、そこに塩分だけが残るためです。雨水にとけだした地球の地面（地殻《ちかく》）の塩分は、ぜーんぶ海に集まります。さらに川底からしみだした塩分と、それよりはるかに広大な海底からしみだす塩分もまじっていきます。

それなら、海の塩分はどんどん増えつづけ、どんどんしょっぱくなっていくはずなのに、なぜそうならないかふしぎに思うでしょうね？　そのおもな理由は、塩分がたえず海に流れこんでいる一方で、塩分のない水も、雨や河口《かこう》やとけた氷によって大量に加わっているからです。そのため、河口付近や氷がとける海域では、塩分がほかよりずっと薄《うす》くなっています。その反対に、河口から遠くはなれ、気温が高くて蒸発《じょうはつ》がはげしい海域では、塩分がほかより濃《こ》くなっています。塩を作る会社が、海水をためておいて太陽の熱で水が蒸発してしまうのを待つように、赤道《せきどう》に近い熱帯の海で海水をなめてみると、ふつうよりずっとしょっぱいのがわかります。

そのほかにも、海の一部で塩分がとても濃くなることがあります。二〇世紀の終わりごろ、科学者たちは海底のいろいろな場所で、水が地中にしみこんで熱せられているのを見つけました。熱せられた海水は塩分が濃くなって、また海に戻《もど》ります。同じことが海底火山の噴火《ふんか》でも起きます。溶岩《ようがん》の熱も、海水の温度を上げて、塩分を濃くしています。

地球ぜんたいでは、雨が川に流れこみ、川が海に流れこみ、海の水が蒸発して、その水蒸気《すいじょうき》から新しい雨が生まれ、また川に戻り、海に戻ります。

イスラエルとヨルダンの国境にある死海《しかい》という湖の水は、塩分が海水の一〇倍もあります。気温が最高四三℃にも達し、強烈な太陽の熱がふりそそぐうえに、流れこんでいるただひとつのヨルダン川の水が少なくて、真水《まみず》が加わる量より蒸発する量のほうが多いためです。いつの日か、死海は干《ひ》あがり、乾《かわ》いた塩でおおわれた湖底がむきだしになるでしょう。海の水が、死海のようにどんどん濃くなって、やがてすっかり蒸発してしまうことがないのは、川と氷と雨のおかげです。

科学者たちは、これまで数億年にもわたり、海水の塩分はずっと同じくらいの濃さを保ってきたにちがいないと考えています。ただし新しい論争もまきおこっています――気候変動《きこうへんどう》によって北極と南極の氷が大量にとけるようなことがあれば、海の塩分が薄くなって、生態系《せいたいけい》が変化してしまうことはないのか？　この点については、二一世紀になったら、もっとくわしく答えることができるでしょう。

93 インターネットは、なんのためにあるの?

クレイ・シャーキー(インターネットに注目するライター)

インターネットは、ただひとつのことのためにある。それは、コンピューターどうしに話をさせるためだ(携帯電話《けいたいでんわ》もコンピューターのうちだよ。携帯電話はポケットにはいるコンピューターだからね)。ぼくらがインターネットでやることにはぜんぶ、ゲームで遊ぶにも、写真を見せあうにも、友だちとしゃべるにも、つながれたコンピューターを使う。

コンピューターどうしをつなぐうまい方法がひとつあれば、だれでも、あらゆる種類のことができる。これまでのように、ただじっと見たり、聞いたり、ふたりだけで話したりするのとはちがうんだ。テレビは映像を見るには便利だったが、テレビを使っても人と人が話せるようにはならなかったし、外国の映像を見るのもむずかしかった。古いタイプの電話は、ふたりの人が話をするには便利だったが、一〇人がいっしよにゲームをしたり、言葉を検索《けんさく》したりするのには役に立たなかった。インターネットのいいところは、どんなコンピューターでも、こういうことをぜんぶできるようにしてくれる点だ。

インターネットのもっといいところは、いろいろな人がつぎつぎに、インターネットでできる新しいことを考えだしている点だ。ぼくがインターネットを使いはじめたころには、オンラインゲームもなかったし、フェイスブックだってなかった。ユーチューブやウィキペディアもなかった。ウェブさえなかった。そのころのインターネットでは、なんでも文字でやりとりし、画像や音声を伝えることはできなかったんだ。

この二〇年のあいだに、コンピューターに新しいことをさせたいと考えた人たちが、こういうものをぜんぶ作りだしてきた。ウェブそのものも作ってしまった。ティム・バーナーズ＝リーという男の人が、リンクでおたがいにつながったウェブページを作ることを思いつき、インターネットを利用してそれを実現したんだよ。

これから二〇年のあいだには、インターネットでできる、もっともっとすばらしいことが考えだされていくだろう。きみもコンピューターにさせたいなにかを思いつくかもしれない。そうすればきみにも、インターネットを利用するなにか新しいものを作りあげるチャンスがある。

94 どんなふうに恋《こい》に落ちるの？

どんなふうに恋に落ちるかは人によってちがいます。そこで、このことについてたくさん考えてきた三人の人たちに答えてもらいました。ラブストーリーを書いたふたりの作家と、わたしたちの脳のなかがどうなっているかを研究している科学者です。

ジャネット・ウィンターソン（作家）

恋に落ちるときは、穴に落ちるように落ちるのではありません。宇宙空間を落ちていくように落ちます。自分だけの惑星《わくせい》から飛びだし、だれかほかの人の惑星をたずねるのです。そこに着くと、なにもかもがちがって見えます。花も、動物も、人々が着ている服の色も。恋に落ちると、おどろくことがいっぱいです。だってそれまでは自分だけの惑星で、なにもかもうまくいっていると思っていたわけですからね。たしかにうまくいってはいたのですが、そんなときにだれかが宇宙のむこうから信号を送ってくれ、そこに行くには思いっきりジャンプするしかありませんでした。さて、そのだれかの軌道《きどう》に乗っていると、しばらくするうちに、ふたつの惑星をいっしょにして、そこを家庭と呼んで暮らす決心がつくかもしれません。そうしたらイヌもつれていけます。それともネコでしょうか。金魚も、ハムスターも、きれいな石のコレクションも、左右ちぐはぐのソックスも、ぜんぶもっていけます（なくしたと思っていたソックスの片方は、穴のあいたのもいれて、見つけた新しい惑星にあります）。友だちにも遊びにきてもらえます。おたがいに好きな物語を読んで聞かせることもできます。最初に落ちたのは、そばにいなければいやだと思うだれかといっしょにいるために、どうしても決心しなければならない特大のジャンプでした。それだけのことです。

追伸《ついしん》――勇気が必要ね。

デヴィッド・ニコルズ（作家）

自分で落ちようとして、恋に落ちられるわけではないんだよ。背をもっと高くしようとしても、ひじに口をつけようとしても、できないのと同じだ。やってみてごらん。わかった？　それが問題のもとだ。ぼくらが恋心をコントロールできるくらいなら、失恋《しつれん》も、悲しみも、災害も、戦争だって、避《さ》けられるだろうよ。

ジュリエットはロミオなんか無視して、パリスを愛してしまっただろうな。ヘンリー八世とアン・ブーリンは、ほんとうにすてきなカップルになれたはずだ。ぼくの好きな『遥《はる》か群集を離《はな》れて』という本では、主人公の女性バスシーバ・エヴァーディンがガブリエル・オークに、彼を愛していないから結婚《けっこん》できないと伝えると、オークはそれにこう答える。「でもわたしはあなたを愛しています。それにわたしは、あなたがわたしを好きでいてくれるだけで満足です」。なんか筋《すじ》がとおった考えに聞こえるよね。でも、好かれているのと愛されているのとはちがう。好きなだけじゃ足りない。だれでも好かれることはできる。問題は、愛した相手から愛されることだ。

じゃあ、好きなのと愛しているのは、どうちがうのかな？　ぼくには、風邪《かぜ》とインフルエンザのちがいのように思えることがある。風邪はよくあるけど、インフルエンザはもっとずっと重い。なかには、風邪をひいただけなのに、インフルエンザにかかったと思いこむ人もいる。風邪だとわかっていても、大げさにして、インフルエンザで押《お》しとおそうとする人もいる。

たとえばぼくはここ二〇年以上、ずっとインフルエンザにかかりっぱなしだった。話すのはインフルエンザのことばかり。同時に三、四人とインフルエンザにかかったこともある。思いだしてみると、ただ、いっぱい風邪をひいていただけらしい。

そろそろ気づいたかもしれないけど、このたとえはちょっとちがうみたいだ。つまり、恋に落ちることについて、きみにできることなどなにもないし、あまり思いなやむ必要もない。きみが望むかどうかなどおかまいなしに、起きるものは起きるのさ。髪《かみ》は白くなり、歯はぬけ落ちるものだし、恋には落ちるものだ（歯がぬけ落ちるよりずっと前だといいね）。そうなったら、あわててはいけない。落ちついて。心配なんかしないように。相手も同じ気もちでいてくれますように。もしそうなら、おめでとう。それがつづくかぎり、すばらしい時間をすごせるよ。でも相手がきみを愛してくれないなら、苦しみのはじまりだ。とてもざんねんだけど。

ロビン・ダンバー教授（進化心理学者）

恋に落ちるとどうなるかは、この宇宙で説明がいちばんむずかしいことのひとつでしょう。ときには、考えなしに恋に落ちます。じっさいには、あまり考えすぎるとうまくいかず、めちゃくちゃになるのがふつうです。

それは、恋に落ちるとき、あなたの右側の脳がとても活発に働くからです。右脳は、とりわけ感情にたいせつな役目をはたしていると思われている場所です。それに対して言葉は、ほとんどすべて左側の脳がとりしきっています。気もちや感情を言葉であらわすのがとてもむずかしい理由のひとつはそこにあります。左側にある言語の領域《りょういき》は、右側にある感情の領域に、あまりうまくメッセージを送ることができないのです。だから言葉につまって、気もちをうまく説明できません。

でも科学の力によって、恋に落ちるとどうなるかがほんの少しだけわかります。まずなによりも、恋はわたしたちがどう感じるかを大きく変えることがわかっています。めまいがして、胸がドキドキします。幸せになり、同時にうれしくて涙《なみだ》が出ます。それまで気になっていたことは急にどうでもよくなり、気にかかるのは恋に落ちた相手のそばにいたいということばかりになります。

最近では、人の脳の働きがわかる装置ができています。脳がなにをしているかによって、脳のいろいろな部分が画面上で輝《かがや》いて見えるのです。恋をしている人の脳のなかでは、感情を受けもっている場所がとても活発に働き、輝きます。でももっと判断力のいる考えをとりしきる、脳のほかの場所は、ふつうよりずっと活動がにぶります。だから、いつもなら「そんなことはばかばかしいから、するのはやめなさい！」と命令するはずの脳のスイッチが切れて、「ああ、それはとてもすてきだ！」と言う脳のスイッチがはいります。

なぜそんなことが起きるのでしょうか？　理由のひとつは、恋をすることによって脳のなかで生まれる化学物質《かがくぶっしつ》です。たとえばドーパミンという物質は、わたしたちをワクワクさせます。またオキシトシンという物質は、愛する人といっしょにいるときの、頭がクラクラするような心地《ここち》よい感情を呼びおこしているようです。こうした物質が脳にたくさん出てくると、それに対してとくによく反応する部分に届きます。

でもこれだけでは、なぜあなたが特定の相手と恋に落ちるかは説明できませんね。だれを選ぶかに理屈《りくつ》などないように思えるので、そこのところがちょっとした謎《なぞ》です。じっさい、順序は逆に思えますが、結婚したあとでも結婚する前と同じくらいかんたんに、結婚した相手と恋に落ちることがあるようです。もうひとつ奇妙《きみよう》なことがあります。わたしたちが恋をしていると、相手が完璧《かんぺき》な人だと自分に思いこませることができます。もちろん、ほんとうに完璧な人などひとりもいません。でも、おたがいに相手が完璧に近いと思っているほど、恋は長つづきします。

95 わたしの胃《い》をぜんぶのばすと、どのくらい長い？

マイケル・モスリー博士（サイエンスコメンテーター）

きみの胃を長くのばすことはできないな。胃は袋《ふくろ》だもの。でも腸《ちょう》なら、のばすことができる。腸は、胃からきみのおしりまで、ずーっとつづいているからね。そんなに遠くないように思えるけど、腸の長さはなんと大人で八メートル半もあって、子どもでもそれよりちょっと短いだけだ。きみの肌《はだ》がすきとおっているなら、おなかを見て、腸はまっすぐにすすんでいないのがわかるだろう。平べったくてものすごく長いヘビが、とぐろを巻いているみたいに、グルグルうずを巻いているのが見えるはずだ。

きみは口に食べものをほうりこんでしまうと、食べたもののことなんか、すっかり忘れているだろうね。でも食べものにとっては、ここから変化にとんだ長い旅がはじまる。最初に通過するのは、いちばん短い食道《しょくどう》。二五センチメートルくらいの長さで、なかはとっても強い筋肉《きんにく》でおおわれている。それで食べものをぎゅっと押《お》しつぶしながら、胃に運んでいくわけだ。食道の筋肉はほんとうに力があるから、きみがもし逆立ちしながらなにかを食べたとしても、食べたものはちゃんと胃まで運ばれる。でもきみは、あまりやってみたくないだろうね、こんな実験。

食べものは胃にはいると、ぐちゃぐちゃにかきまわされ、バラバラにされる。洗濯《せんたく》機《き》のようなものだと思えばいい。胃のなかの液体は、自動車のバッテリー液と同じくらい強い酸性《さんせい》をおびている。ここで酸が使われているのは、食べものといっしょに細《さい》菌《きん》がはいってきても、やっつけられるようにだ。胃は、とても小さい。からっぽなら、だいたい握《にぎ》りこぶしくらいの大きさしかない。でもなかに食べものがはいれば、中くらいの風船の大きさまでふくらむ。

胃でこなごなになった食べものは、少しずつ、小腸《しょうちょう》に押しだされていく。ここから栄養分の吸収がはじまる。小腸の長さはだいたい七メートルで、平均すると、女の人の小腸のほうが男の人の小腸よりちょっとだけ長い。小腸の内側は「微絨毛《びじゅうもう》」と呼ばれる短い毛でおおわれている。そのおかげで表面積が増え、栄養分をたくさん吸収できる。じっさい、きみの小腸だけで、表面積はぜんぶあわせるとテニスコートくらいになる。

小腸をとおりすぎても残ったものは、大腸《だいちょう》にすすむ。大腸は水分を吸収する一方で、たくさんの細菌を利用して、まだ分解されていなかった食べものをさらに消化《しょうか》する。大腸のほうはずっと短くて、一メートル半ほどしかない。大腸の内側も小腸のように、ニューロンと呼ばれる細胞《さいぼう》で網目状《あみめじょう》におおわれている。ニューロンは脳のなかにも見つかる細胞だ。おどろくことに、きみの腸には、ネコの脳とほとんど同じ数の脳細胞があるんだよ。これまで見てきたとおり、食べものを消化する過程は複雑だからだね。

腸が食べものから役に立つものをすっかり吸収してしまうと、残りカスはたくさんの細菌といっしょに、きみが次にトイレに行くとき体外に捨《す》てられる。ここが長い旅の終点だ。

96　わたしがいつも、きょうだいげんかばかりするのはなぜ？

タニア・バイロン教授（臨床《りんしょう》心理学者）

きょうだいげんかは、ちっともめずらしくありません。わたしも小さいころ、妹とけんかばかりしていました。けんかの相手は、いちばん身近な人のことが多いのです。おたがい、どんなに意地悪をしてもきらいにはならないと、安心しているからではないでしょうか。

同じ場所で暮らし、いつもそばにいると、なにかをしたり分けたりするときに意見があわないことも多くなります。友だちなら腹がたたないことでも、きょうだいは別です。でも、頭にきたり考えがくいちがったりしたとき、けんかをするのは賢《かしこ》いやりかたではありません。問題がなくならないどころか、ひどいことを言ったりやったりして、もっとひどいことになってしまうからです。

それに、きょうだいげんかをすればほかの家族にもいやな思いをさせ、お父さんやお母さんまで怒《おこ》らせてしまうから、みんなが不愉快《ふゆかい》になります。家族と暮らしていると、好きな人となかよくする方法を学べるだけでなく、生きていくうえでたいせつな、いろいろな技《わざ》も身につけられるはずです。イライラしたとき、口げんかになったとき、気もちをどう落ちつかせるかもその技のひとつです。

きょうだいげんかをすると、お父さんやお母さんにしかられます。そんなときは、自分がかっとなった理由をわかってもらえなくて、お父さんやお母さんにも腹がたってしまうでしょうね。でも、そういうときに大人が怒っているのは、あなたがかっとなったことではなく、そういう気もちをどうあらわしたかのほうなのです。けんかをするのが問題を解決するいいやり方だと、子どもたちに思ってほしくないのです。

悪口を言ったり、ぶったりしても、まったくいいことはありません。小さな子どもがよくだだをこねて、泣き叫《さけ》び、人をたたきますが、あれは自分の気もちを伝える言葉をまだ知らないからです。小さい子もだんだん大きくなるうちに、ただあばれて口ぎたなくののしるだけでなく、思っていることを言葉で伝え、意見のちがいを話しあって、問題を解決していくことをおぼえていくものです。

きょうだいに腹がたったら、爆発《ばくはつ》する前に、ちょっとその場をはなれてごらんなさい。気もちをしずめ、なにがイライラのもとかを考える時間をおくのです。落ちついてみると、ちっとも大したことではなく、やりすごしてなかよくできることもあります。まったく無駄《むだ》なけんかもあるのです！

それでももし、ほんとうにショックを受け、心が傷ついているなら、言葉で伝えてみましょう。相手が聞く耳をもたなければ、お父さんかお母さん、そのほかの信頼《しんらい》できる大人に相談してください。わたしはすっかり大きくなった今、妹がだれよりもたいせつな友だちだと思っています。だって、いっしょに育ち、なんでもいちばんよくわかりあえるのですから。

友だちは、いなくなることも新しくできることもありますが、家族はいつまでもいっしょだということを、忘れないようにしてくださいね。

97 虹《にじ》はなにでできている?

アントニー・ウッドワードとロバート・ペン(作家)

虹は光でできている。

太陽の光が空中の小さい雨粒《あまつぶ》をとおりぬけるとき、それまでぜんぶまじって白く見えていた光が、いくつもの色に分かれる——赤にオレンジ色、それから黄色、緑色、青、藍《あい》色、紫《むらさき》色というぐあいに。光が雨粒にはいるとき、色によって曲がる方向が変わり、それぞれに分かれるんだ。それから雨粒のなかの反対側ではねかえり、出ていくときにまた曲がって、もっと大きく色ごとに分かれる。

虹を見るには、太陽が出ているときに雨もふらなくちゃだめで、しかもきみは太陽と雨のあいだにいなくてはいけない。だから、虹の足もとにたどりつくことはぜったいにできない。とってもざんねんなことだね。そこには黄金《おうごん》のはいった壺《つぼ》が埋《う》まっているって、みんな知っているのに。きみの目には虹が見えても、じっさいにはただ雨粒をとおって光が輝《かがや》いているだけで、近くでさわれるものはないのだから、しかたがない。こんど空に虹が見えたら、虹にむかって歩いてごらん。虹もきみといっしょに、動いていってしまうはずだ。

虹がどうしてできるかがわかったのは三〇〇年くらい前で、アイザック・ニュートンというとても頭のいい科学者が、はじめて解明した。それまでは何万年ものあいだ、みんな虹を見ては、いろいろおかしなことを考えていたんだ。虹は地上と天国をつなぐ道だと思った人がいる。太陽の神様のベルトにちがいないと考えた人もいる。虹は、空に姿をあらわした神様だと思った人までいる。でも、だれがいつ見ても、かならず思うことがひとつある。それは、虹が美しいということ。

98 お月さまはどうして光るの？

ヘザー・クーパー博士（宇宙物理学者）

月は、宇宙を旅する私たちのなかまです。大きさは地球の四分の一で、その世界を知るとおどろくことがたくさんあります。それに地球からとても近くて、三八万四四〇〇キロメートルしかはなれていません。天文学の話をしているのを忘れないでくださいね！　それなのに宇宙探査機《うちゆうたんさき》を使えば、たった三日で着いてしまうんですよ。

月が輝《かがや》くのは、私たちの太陽の光を反射《はんしや》しているからです。それに月はほぼ一か月で地球をひとまわりするから、どのあたりにあるかによって、ちがう場所が輝いて見えます（一か月の「月」は、空の月からできた言葉です）。「新月《しんげつ》」のときには、月は太陽と地球のちょうどあいだにあり、地球とは反対の側だけが照らされるので、こっちからは真っ暗で見えません。でもそれから少しずつ移動するにつれて、はしっこに太陽の光があたっているのが見えるようになり、三日月《みかづき》になります。

双眼鏡《そうがんきょう》か、小さい望遠鏡《ぼうえんきょう》をもっているなら、三日月のときに月をのぞいてみるのがいちばんです。長くて暗い影《かげ》ができ、目をみはるような地形がくっきりと浮《う》かびあがりますからね。表面には大きなクレーターがいくつもならんでいます。太陽系ができたばかりのころに、隕石《いんせき》が衝突《しょうとつ》してできたものです。月には表面を風化《ふうか》させる大気《たいき》がほとんどないせいで、大むかしの傷あとが、今でもほとんどそのままの姿をとどめているのです。

「満月《まんげつ》」のとき、月は地球から見て太陽のちょうど反対側にあって、最も明るく輝いています。望遠鏡はいりません！　自分の目で直接、「月に住む男」の「顔」をじっくりながめてみましょう。目や鼻や口が見えるでしょうか。こうして暗く見える部分では、三八億年も前に小惑星《しょうわくせい》がつぎつぎにぶつかってできた巨大なクレーターを、濃《こ》い色の溶岩《ようがん》が埋《う》めつくしています。

一年に一回くらいずつ、すばらしいことが起きます。月が地球をめぐる軌道《きどう》は、地球が太陽をめぐる軌道から少し傾《かたむ》いていて、ときどき――満月のとき――月が地球の影になる場所をとおることがあるのです。そうすると明るく光る満月に暗い部分ができる「月食《げっしょく》」になり、月がぜんぶ影に隠《かく》れて暗くなってしまうこともあります（これを皆既《かいき》月食と呼びます）。見ていると、なんだかお化けが出そう！

意外に思えるけれど、月の土の色がもっと明るくて、光をもっとよく反射すれば、今よりもっと明るく輝くはずなんですって。一九六〇年代の終わりと一九七〇年代のはじめに月面《げつめん》におり立ったアポロの宇宙飛行士たちは、月の石の色がとても暗いのにおどろいたそうですよ。

月に人類としての第一歩をきざんだニール・アームストロングは、月の色は「フリッチス」だったと書いています。そんな色は聞いたことがない？　大正解！　ニール・アームストロングの大好きな絵本作家の本に出てくる、ほかにはどこにもない、暗くて茶色っぽい色のことなんです。この宇宙飛行士は、はじめて見る月の色の名前には、「フリッチス」がぴったりだと思ったわけですね。

99　海はどこからくる？

ガブリエル・ウォーカー博士（気候とエネルギーのライター、コメンテーター）

宇宙から見た地球は、とても美しい青い惑星《わくせい》です。その青い色のほとんどは海の色です。地球ぜんたいでは陸地より海のほうがずっと広いので、この世界には水がたっぷりあって、生き生きとしています。

では、この水はいったいどこからやってきたのでしょうか？　はっきりとはわかっていませんが、一部は地球のなかから、一部は外からやってきたと、科学者たちは考えています。

まだどの惑星も、太陽さえなかった四五億年ほど前、うずを巻くガスとちりの雲からすべてがはじまりました。その雲には水も含《ふく》まれていました。やがて、こうした物《ぶっ》質《しっ》はあちこちに集まり、かたまりを作りはじめます。かたまりが大きいほど、まわりの物質を引きよせる力も強く、長い時間がすぎて、太陽を中心にしたわたしたちの太陽系ができあがりました。

それでもまだ、工事現場にコンクリートのかけらがたくさん散らばっているみたいに、ずいぶん大きいかたまりがそこここに残っていて、できあがったばかりの惑星につぎつぎに体当たりしてきました。巨大《きょだい》なピンボールゲームを想像すればいいでしょう。そのせいで月に見えるような大きなクレーターが、地球の表面にいくつもできました。それと同時に地球の表面はとても熱くなったので、水があったとしても、みんな蒸発《じょうはつ》してしまったにちがいありません。

次に、これもまた長い時間をかけて、彗星《すいせい》が地球にぶつかりはじめました。彗星はちりで汚《よご》れた巨大な雪玉のようなもので、ほとんどぜんたいが氷でできています。だから地球にぶつかるとその氷がとけて、少しずつ海ができはじめました。

そのあと、もっとたくさんの水が火山から噴《ふ》きだしたかもしれません。岩にとじこめられて、地球のなかにたまっていた水です。こうした水が何百万年分も集まって、ほら、海のできあがりです。

ところで、水がたまって海になる場所があるのは、これとはまったく別のお話です。海は、埋《う》めこみ式のお風呂《ふろ》のようなとほうもなく大きいくぼみで、底はまわりの大陸よりはるかに低くなっています。それは、ヨーロッパ、アジア、アメリカなどの大陸が、じつはゆっくりと地球の表面を動いているせいなのです。だいたいきみの爪《つめ》がのびるくらいのはやさでね。

ふたつの大陸がはなれていくと、あいだにできたみぞはだんだんに広がり、大西洋や太平洋のような広い海盆《かいぼん》になって水がたまります。ふたつの大陸がぶつかる場所では、あいだがせまくなって、海がなくなることもあります。雄大《ゆうだい》なヒマラヤ山脈では、ふたつの大陸がどんどん近づいていって、あいだにあった海をのみこみ、それでもまだ近づいて盛りあがっていった末に、エベレストを中心にした空高くそびえる山々ができあがりました。

100 カタツムリには殻《から》があって、ナメクジに殻がないのは、なぜ？

ニック・ベイカー（ナチュラリスト、コメンテーター）

さて、ほんとうのことをいうと、ナメクジには殻をもっているものもいる。肉食のナメクジもそのひとつだ。でもほとんどいつも土のなかで暮らしてミミズを追いかけているから、めったに見られない。そういうナメクジの殻は、小さくて平べったい、うろこのようなものに退化《たいか》している。笑えるほどちっちゃい帽子《ぼうし》みたいに、からだのはしっこにのっているんだよ！　だから、ナメクジとカタツムリのちがいは、ほんとうはとてもあいまいだ。

カタツムリもナメクジも軟体動物《なんたいどうぶつ》で、腹足類《ふくそくるい》に分類されている。でもカタツムリのほうは、背中にもちはこび式の便利なカプセルを進化させた。この殻は、小さい敵から身をまもるのにも役立つが、じつはもっとたいせつな役目をもっている。少し乾燥《かんそう》した場所でも、殻のおかげで生きていけるのだ。殻のなかにいれば、カタツムリのやわらかくて湿《しめ》ったからだが、日光や風でカラカラに乾《かわ》いてしまわずにすむ。しかも入り口をネバネバした液でしっかりふさぐこともできる。この液体は乾いて、「冬蓋《とうがい》」と呼ばれるドアになる。

ナメクジのほうには殻がないから、乾燥には弱い。でもそのかわりに、殻があればじゃまになって行けない場所にも行けるんだ。だから、岩のひびわれやすきま、地下のトンネルなどのせまい場所に、ぎゅっともぐりこんでしまう。カタツムリにはぜったい無理！

ナメクジとカタツムリは、外敵と天気という同じ問題に、別々の道筋《みちすじ》で解決方法を思いついた。こうして生きものがそれぞれに見つけて守っている異なる暮らしかたと暮らす場所を、生物学者は生態的地位《せいたいてきちい》と呼んでいる。

番外編

コメディアンたちにも、お笑いの専門家として、子どもたちの質問にジョークで答えてもらいました。

サラ・ミリカン

ミミズを食べても大丈夫《だいじょうぶ》?——ママが見ていなければ。

わたしたちはみんな親戚《しんせき》?——クリスマスプレゼントを山ほどもらうつもり?

わたしのネコはどうしていつも家に帰る道がわかるの?——ネコナビで。

わたしたちはなぜ夜になると眠《ねむ》るの?——大学生になるまで待って。一日じゅう寝《ね》ていられるようになるから。

エイリアンはいるの?——いる。弟や妹になりすましているのよ。だから気をつけて。

ライオンはどうして吠《ほ》えるの?――あれは大あくび。あなたを見てるのにあきたのね。

サンディ・トクスヴィグ

いろんな肌《はだ》の色をした人がいるのはなぜ?――カラーテレビがもっとおもしろくなるように。

「よい」は、どこから生まれるの?――台湾《たいわん》製。

どうしてトイレに行くの?――かたくるしい食事の席からぬけだすため。

惑星《わくせい》はなぜ丸いの?――包むのがむずかしくなるように。

どうして食べものを料理するの?――家の台所が少しでもばかげて見えないように。

電気はどうやって作る?――ナイロン製のぴったりしたショートパンツをはいて走る。

ライオンはどうして吠えるの?――「怒《いか》りをしずめるセラピー」を受けられないから。

ロバート・ウェッブ

夜になるとどうして空が暗くなるの?――太陽が充電中《じゅうでんちゅう》だから。

自分で自分をくすぐれないのはなぜ?――そんなことしてたら、頭がおかしいと思われちゃうからね。

自動車はどうやって動くの？――タイヤのなかで、ちっちゃいブタが全速力で走ってる。

ハチはハチを刺《さ》せる？――刺せるけど、もし刺したらハチの刑務所《けいむしょ》にはいらなくちゃいけなくて、そこではハエの服を着せられる。ハチはハエの服がだいっきらいだ。

虹《にじ》はなにでできている？――恋《こい》。ふたつの雲が恋に落ちると、虹ができる。

どうして食べものを料理するの？――なべが戸棚《とだな》のなかで退屈《たいくつ》しないように。

科学者がバイ菌《きん》をしらべるのはなぜ？――バイ菌はいつも、ぐっとくるようなミュージカルをやってるから。

いつかは過去に戻《もど》れるようになる？――きのうまでは、だめだった。

もし骨がなかったら、わたしはどんなふうに見える？――髪《かみ》の毛がはえたゼリー。

ライオンはどうして吠えるの？――ほんとうは歌を歌おうとしてるんだけど、へたなんだ。

太陽はなぜ熱いの？――神様がスコッチエッグを料理しようとしたけど、電子レンジに長くかけすぎた。

水にさわると、どうしてぬれている感じがするの？――お風呂《ふろ》にはいったとき、ギシギシいわないように。

どんなふうに恋に落ちるの？——だれかのとなりに立って、目がクラクラするかどうか……。

背の高い人と低い人がいるのはなぜ？——低い人は、高くなろうとしていないだけ。

シャジア・マーザ

夢はどんなふうに生まれるの？——電子レンジの最強で三分。

惑星《わくせい》はなぜ丸いの？——カップケーキの食べすぎ。

時間は、はやくすぎてほしいときには、なぜゆっくりすぎるの？——時間はあなたの心を読めて、あなたをこまらせようとしているから。

どうして音楽があるの？——ママのおこごとを聞かなくてすむように。

地球温暖化《ちきゅうおんだんか》ってなに？——世界じゅうの人たちがみんな分厚《ぶあつ》いセーターを着ているとき。

動物はどうしてわたしたちみたいに話ができないの？——いつも忙《いそが》しいから。

なぜ恐竜《きょうりゅう》は絶滅《ぜつめつ》したの？——ポテトチップスを食べつくしてしまったから。

宇宙のはじめに「なんにもなかった」のなら、どうして「なにか」ができたの？——いっしょうけんめいに努力した。

ペンギンは南極にいるのに北極にいないのはなぜ？――南のほうにはすてきなホテルがあったから。

背の高い人と低い人がいるのはなぜ？――靴《くつ》のなかに秘密のはしごがある。

ジャック・ホワイトホール

ミミズを食べても大丈夫？――赤ワインといっしょなら。白ワインは魚といっしょに。

人はどうして永遠に生きていられないの？――友だち関係がむずかしくなりすぎるから。

クライブ・アンダーソン

夢はどんなふうに生まれるの？――わからないな。こんど寝ながら考えてみる。

ミミズを食べても大丈夫？――ミミズにとっては、大丈夫じゃない。

どうしてトイレに行くの？――家のほかの場所をきれいにしておくため。

時間は、はやくすぎてほしいときには、なぜゆっくりすぎるの？――そうじゃない。

　時間はゆっくりすぎてほしいときに、はやくすぎるんだ。

まだだれも見たことのない動物が、どこかにいるの？――いる……ぼくはいると思うけど、それを証明できるのは、それを見たときだけだ。

どうしていつも大人の言うことをきかなくちゃいけないの？――大人のほうが、先にこの世界にやってきたから。

ほかの人より背の高い人がいるのはなぜ？――ほかの人より背の低い人がいるから。

謝辞

子どもたちの質問に答えるために時間を割《さ》いてくださった、機知《きち》に富んだ超多忙《ちょうたぼう》な科学者、歴史学者、哲学者《てつがくしゃ》、心理学者、動植物学者、冒険家《ぼうけんか》、アーティスト、ミュージシャン、作家、考古学者、古生物学者、アスリートのみなさんには、言葉では言い尽《つ》くせないほどの感謝の念を抱《いだ》いています。また、番外編のためにひとことで答えてくださったコメディアンのみなさん、ほんとうにありがとうございました。ひとりひとりお名前を挙げるのは長くなるので省略させていただきますが、ＮＳＰＣＣからの多大な感謝の気もちをお伝えします。

また、小学校一〇校の熱心な参加がなければ、子どもたちの質問を集めることはできませんでした。エジンバラのコーストーフィン・プライマリーおよびメアリー・アースキン・アンド・スチュワーツ・メルヴィル・ジュニア・スクール、シュロップシャーのクレオベリー・モーティマー・プライマリー・スクール、レスターのウッドランド・グランジ・プライマリー、トゥーティングのファーズダウン・プライマリー・スクール、チッピングソドベリーのレイズフィールド・インファンツ・スクール、トッテナムのマルベリー・プライマリー・スクール、ハスルミアのショターミル・ジュニア・スクール、ギルフォードのボックスグローブ・プライマリー・スクール、ニューハムのグランジ・プライマリーの各校にお礼を申し上げます。なかでも、メアリー・アースキン・アンド・スチュワーツ・メルヴィルのジリアン・ライアン副校長、キャロライン・ゴーハム、ウッドランド・グランジ・プライマリーのエド・フラナガンおよびカーク・ヘイルズの各氏には、子どもたちの質問を集めるにあたって大きな力になっていただきました。

最初の質問を寄せてくださった好奇心《こうきしん》いっぱいのお子さんやお孫さん、姪《めい》、甥《おい》をおもちの友人たち——スコット一家、レイズ一家、フレミングス一家、ルシンダ・グレイグとその拡大家族、メロニー・ライアン、ウェンディーとアルフィー・カーター、キャット・ディーンと子どもたち、ニコル・マーティン、ベン・クルーとルビー、エスターとハンナ・デイヴィス——に感謝します。

さまざまなアイデア、アドバイス、紹介《しょうかい》で力を貸してくださったみなさん——アウトセットUKのヤナ・ピール、ジョー・ガリアーノ、サイモン・プロッサー、ジェイミー・ビング、マーカス・チャウン、ダンカン・コップ、クリストファー・ライリー、リチャード・ホロウェイ、ジャスティン・ポラード、ロジャー・ハイフィールド、クリス・ストリンガー、HSBCスポンサーシップのガイルズ・モーガンの各氏――に感謝します。また親しい友人たち、ガス・ブラウン、サリー・ハワード、エイミー・フラナガン、ヌガユ・タイル、クリス・ヘイル、キャサリンとラルフ・ケイター、ベックスとアダム・バロン、そしてわたしの姉妹のソフィーとルシンダからは、なくてはならない励《はげ》ましを受け、言葉をかわし、科学的思考を提供してもらうことができました。

期待をはるかに超《こ》えて辛抱強《しんぼうづよ》く支えてくださったエージェントのみなさん――ジョー・サースビー、ネル・アンドルー、スー・ライダー、ソフィー・キングストン＝スミス、マイケル・ヴァイン・アソシエーツのスティーヴン、キャサリン・クラーク、キャロライン・ドーネイ、ハンナ・チャンバーズ、ヴィヴィアン・クロア――に感謝します。

わたし自身のエージェントであるカーティス・ブラウンのゴードン・ワイズ、そして担当編集者であるハンナ・グリフィスにも、プロジェクトを快諾《かいだく》し、最初から完成に至るまで慎重《しんちょう》な考えと独創的《どくそうてき》なアイデアを注いでくれたことに、心から感謝を捧《ささ》げます。フェイバー・アンド・フェイバーのチーム――ルーシー・エウィン、ドナ・ペイン、サラ・クリスティー――とイラストレーターのアンディ・スミスにも感謝します。ICMのクリスティン・ダール、ECCOのヒラリー・レドモン、ハーパーコリンズにも、遠く海のむこうからのお力添《ちからぞ》えと信任《しんにん》とに感謝します。

さらに、NSPCCの活発なチームにも感謝します。みなさんに敬意と称賛《しょうさん》を捧げ、この本がみなさんの毎日の重要な活動に少しでも力になるよう願っています。チャーリー・ミーハン、ヴィオラ・カーニー、ステファン・スープリス、ヘレン・カーペンター、ルーシー・スティッチ、サラ・デイド、ダン・ブレット＝シュナイダー、そして資金調達連絡《れんらく》チームのみなさんと力を合わせて仕事をするのは、ほんとうにすばらしい経験でした。

最後に、すてきな夫のニックにも感謝します。その理由を説明するには、本が一冊必要になるでしょう。

訳者あとがき

この本では、イギリスの小学生たちからの一〇〇の質問に、各分野の第一人者が楽しい答えや興味ぶかい説明を寄せています。

目次に並んだ質問を順に見ていくと、子どもらしいものばかりで思わず微笑《ほほえ》んでしまいますが、わかりやすく答えようと思っても、そう簡単にはいかないことに気づきます。そんな質問に「その道の著名な専門家に助けを借りて、子どもにもわかるシンプルな言葉で代わりに答えてもらえたら……」と考えたフリーランス編集者でライターのジェンマ・エルウィン・ハリスの手で、この本ができあがりました。質問に協力した一〇〇の小学校の名前は「謝辞」にあります。回答者には今活躍《かつやく》中の著名人が名をつらね、それぞれの著書や出演しているテレビ・ラジオの番組は、巻末の「回答者略歴」にくわしく載《の》っています。そのような経緯《けいい》から、子どもたちがひとりで読めるやさしい文章で書かれていますが、大人が質問にそなえて読むこともできます。そして質問にそなえているつもりの大人も、バラエティーに富んだ回答者たちの視点の豊かさにおどろき、すっかり引き込まれてしまうこと請《う》け合いです。

「まえがき」で編者が書いているように、ここに書いてあるものがただひとつの正解というわけではありません。ユーモアたっぷりのものから、最先端《さいせんたん》の発見を紹介《しょうかい》しているものまで、「自分が子どもから質問されたら、こう答える」と考えたひとつの回答例といえます。子どもたちはここからヒントを得て、もっとくわしく調べることもできるし、おもしろい自由研究につなげることもできるでしょう。強く興味をひかれれば、将来その分野の専門家になるかもしれません。一方の大人は、「わたしならこう答える」と、別の回答を考えることも多いでしょう。「なにが、わたしをわたしにしているの?」と問われた大人の答えは、きっと一〇〇人で一〇〇通りあるにちがいありません。どんなふうに答えようかと考えただけで、ふと日常から離《はな》れる、ふしぎな感覚を味わえます。

これまで知らなかった事実も意外に多く、ここから世界はさらに広がります。訳者も翻訳《ほんやく》の過程でいろいろな新しいことを知りました。そのなかには「水はどうやって雲になって、雨をふらすの?」に答えているギャヴィン・プレイター＝ピニーが設立した「雲を愛《め》でる会」の存在もあります。わたしももともと入道雲《にゅうどうぐも》や夕焼け空を眺《なが》めるのが大好きなので、この会の名称《めいしょう》にひかれ、プレイター＝ピニーの著書や「The Cloud Appreciation Society」というウェブサイトでたくさんの美しい雲の写真を見るようになりました。毎日の空の様子もますます気になります。一〇〇もある多彩《たさい》な質問と答えのなかから、読者それぞれに新たな楽しみを見つけてほしいと思っています。

なお、英文の原書には一一五の質問がありますが、なぜわたしたちは英語を話すのか、などの日本の子どもたちには該当《がいとう》しない質問や、ガイ・フォークス（イギリスで毎年盛大《せいだい》な祭りが開かれる歴史上の人物）はなぜ悪者なのか、といった日本の子どもたちには馴染《なじ》みの薄《うす》い質問を中心に、一五の質問を省略しました。同時に、「ジュリアス・シーザーの時代」とある一〇〇〇年前の説明を「日本ではまだ都が京都にあった平安時代」とするなど、表現を原文とは少し変えた部分や、日本語にしては意味をなさない語呂合《ごろあ》わせや不確実な表現などを省略した部分があることも、ここでお断りしておきます。特にコメディアンがひと言や一行で答えている番外編には、残念ながら省略せざるをえないものが数多くありました。また、タイマタカシさんの美しいイラストも、日本語版独自に加えられたものです。

翻訳にあたっては、回答者が読者に向かって話しかけている雰囲気《ふんいき》をたいせつにし、最もふさわしい回答者からつぎつぎに答えを聞いていると感じられるように心がけました。子どもたちの素朴《そぼく》な質問と、それぞれの専門家が考えたすばらしい答えを、楽しんでいただければうれしく思います。わたしたちの身のまわりはワクワクするような不思議で満ちていると実感していただけることを願っています。

最後になりましたが、この本を日本の読者に届けようと企画《きかく》し、訳者に翻訳の機会をくださった河出書房新社編集部の九法崇さんに感謝いたします。九法さんには翻訳についていて数々のアドバイスをいただきました。また、イギリス人のジョンズ・ウェイルさんにも、英語特有のユーモアや子ども向けの表現に解釈《かいしゃく》の間違《まちが》いがないよう、お力添《ちからぞ》えをいただきました。この場をお借りして、お礼を申し上げます。

二〇一三年九月

西田美緒子

文庫版追記

この本は二〇一三年一一月に単行本として出版され、このたび文庫化されました。五年あまりの月日のあいだに数多くの読者のみなさんに楽しんでいただいていますが、子どもたちの質問も、賢者《けんじゃ》たちの回答も、まったく色あせることはありません――エイリアンからの信号も、リサイクル宇宙説の証拠《しょうこ》も、タイムマシンも、まだ見つかっていません。文庫化によって、これらの回答についての改訂版《かいていばん》が必要になるまで長く読み継《つ》がれていくことを、そして読者それぞれが身のまわりにあるさまざまな疑問を見つけて回答を考えるきっかけとなることを、心から願っています。

二〇一九年一月

西田美緒子

ローゾフ，メグ（作家）
子どもからティーンエイジャー、大人まで楽しめる物語を書いています。はじめての著書『わたしは生きていける』を読んだ人は、震《ふる》え、笑い、泣き、ときにはそれを全部いっぺんにしなければなりませんでした。いちばん新しい本『ゼア・イズ・ノー・ドッグ』は、19歳《さい》の少年ボブがひょんなことで神様になってしまうお話です。

ローチ，メアリー（サイエンスライター）
「ナショナル・ジオグラフィック」誌、「ニュー・サイエンティスト」誌、「ワイアード」誌、「ニューヨーク・タイムズ」紙に記事を書いています。著書には、宇宙旅行の奇妙《きみよう》な話が満載《まんさい》の『パッキング・フォー・マーズ』などがあります。好きなものは、バックパッカーの旅、「スクラブル」ゲーム、マンゴー、そして魚の目玉につく寄生虫のようなゾッとする動物を特集するときの「アニマルプラネット」です。

ロバーツ，アリス（解剖学《かいぼうがく》の専門家、コメンテーター）
人体の構造と進化にいつも大きな興味を抱《いだ》いてきました。現在はバーミンガム大学でこのテーマを教えていますが、講演、本の執筆《しっぴつ》、テレビ番組のプレゼンターを通して広く一般《いっぱん》の人々に科学を紹介《しょうかい》するのも楽しみです。最近のテレビのシリーズには、「ジ・インクレディブル・ヒューマン・ジャーニー」や「オリジンズ・オブ・アス」があります。

映画の制作にたずさわり、番組にも出演しています。ロシアと欧州《おうしゅう》の宇宙機関による飛行では無重力《むじゅうりょく》を経験し、NASA宇宙生物学研究所が主催《しゅさい》する地球周辺のふたつの流星群《りゅうせいぐん》観測ミッションでも経験豊富です。

リース，マーティン（天文学者、英国王室天文官）
天文学と天体物理学を専門とし、天文学研究所の所長や、ケンブリッジ大学をはじめとした多くの大学の教授を歴任してきました。英国王室天文官の称号《しょうごう》を得ています。惑星《わくせい》や恒星《こうせい》や銀河《ぎんが》について、どんどんたくさんのことがわかってきている今の時代に天文学者になれて、幸運だと感じています。

ルーニー，デヴィッド（ロンドン科学博物館の輸送機関学芸員）
ロンドンの科学博物館で働き、輸送に関係のある大型のコレクションを担当しています。飛行機、自動車、自転車、トラック、バスのほか、たくさんの模型が対象です。

レオナルド，スティーヴ（獣医師《じゅういし》、野生生物テレビ番組のプレゼンター）
テレビ番組「ペット・スクール」でテレビに出演する獣医師として有名になり、その後、「スティーヴ・レオナルズ・エクストリーム・アニマルズ」、「アニマル・キングダム」、「サファリ・ペット・スクール」などの野生生物シリーズのプレゼンターを務めるようになりました。今でもまだ、野生のすばらしい動物たちのすぐ近くまで行くと、信じられないほどの幸運を感じます。

ローゼン，マイケル（作家、詩人）
楽しい詩やお話は世界じゅうの子どもたちから愛されています。みなさんのお父さんやお母さんも子どものころに有名なチョコレートケーキのお話を読んだかもしれないし、みなさんは『きょうはみんなでクマがりだ』が大好きかもしれません。2007年には、イギリスの名誉《めいよ》ある「チルドレンズ・ローリエット（子どものための桂冠《けいかん》作家）」に選ばれました。

活動を追った「フロントライン・メディスン」などがあります。

モールド，スティーヴ（科学番組コメンテーター）
オックスフォード大学で物理学の修士号を取得し、科学の専門家として子どもむけの人気番組「ブルー・ピーター」に出演しています。「フェスティバル・オブ・ザ・スポークン・ナード」（科学とコメディーを融合《ゆうごう》させたショーで、2012年からはウェストエンドで上演）を主宰《しゅさい》し、「ゲリラ・サイエンス」によってグラストンベリーのような音楽フェスティバルに科学を登場させています。

モンゴメリー，コリン（プロゴルファー）
プロゴルファーで、同世代のスポーツマンのなかで人々に最も愛されているスターのひとりです。「モンティ」の愛称《あいしょう》で呼ばれ、世界のトーナメントで41回の優勝を飾《かざ》りました。一大イベントである団体対抗戦《たいこうせん》のライダーカップでは８回プレーし、2010年の欧州《おうしゅう》ライダーカップで、優勝した欧州チームのキャプテンを務めました。

ライアンズ，マーティン（歴史学者）
30年以上前にイギリスからシドニーに移り住み、今ではニューサウスウェールズ大学で教えながら歴史の本を書いています。シドニーではクリスマスが１年じゅうでいちばん暑い季節です。大好きなクリスマスの思い出は、サンタがサーフボードに乗って浜辺にやってきたのを見たことです。

ライデンバーグ，ジョイ・S・ゲイリン（比較解剖学者《ひかくかいぼうがくしゃ》）
ニューヨーク市にあるマウントサイナイ医科大学の解剖学教授で、人間と動物のからだについて研究しています。テレビ番組「インサイド・ネイチャーズ・ジャイアンツ」に比較解剖学者として出演し、とても大きい動物の内部で、からだがどのように機能しているかを紹介《しょうかい》しています。

ライリー，クリストファー（サイエンスライター、コメンテーター）
天文学と宇宙飛行を専門とするサイエンスライターで、テレビ番組や

マーザ，シャジア

コメディアンで、「ガーディアン」紙や「ニューステーツマン」誌などに寄稿《きこう》するライターでもあります。海外ツアーを行い、エジンバラ・フェスティバル・フリンジにも出演します。これまでに出演した番組には、CBSの「60ミニッツ」、NBCの「ラスト・コミック・スタンディング」、「ザ・ナウ・ショー」（BBCラジオ4）、「ハブ・アイ・ゴット・ニューズ・フォー・ユー」（BBC）などがあります。

マナスター，ジョアン（生物学者、科学教育者）

科学のふしぎを若者たちに伝えることに喜びを感じている生物学者で、モデルの経験もあり、現在はイリノイ大学で教えています。「サイエンティフィック・アメリカン」誌に記事を書くと同時に、ブログやブイログ（映像版ブログ）も公開しています。

マン，ジョン（歴史作家）

作家として、ふたつのことに情熱を傾《かたむ》けています。ひとつは、人間がどのようにして書くことをおぼえ、本を作ったかの歴史です。そしてもうひとつはモンゴルです。あまり知られていないうえに、史上最強の征服王《せいふくおう》だったチンギス・ハンの故郷でもあるので、とてもたいせつだと考えています。

ミリカン，サラ

「ザ・サラ・ミリカン・テレビジョン・プログラム」、「チャッターボックス」のツアーとDVD、有名なコメディー番組「モック・ザ・ウィーク」や「マイケル・マッキンタイアズ・コメディー・ロードショー」などに出演し、イギリスではその名前を知らない人がいないほど広く知られたコメディアンです。

モスリー，マイケル（サイエンスコメンテーター）

人体と薬について数多くのドキュメンタリーを制作しています。医師の勉強をしましたが、その道にすすむのをやめて、BBCで科学番組の制作とプレゼンターの仕事につきました。最新の番組には、「インサイド・ザ・ヒューマン・ボディー」や、アフガニスタンでの軍医の最新の著書は自らの人生をつづった『リービング・アレキサンドリア』です。

ホワイトホール，ジャック

ライブの公演やエジンバラ・フェスティバル・フリンジ（世界最大の芸術祭）で才能を発揮しました。風刺《ふうし》のきいた番組やクイズ番組にレギュラー出演し、チャンネル４のコメディー「フレッシュ・ミート」で俳優としても活動しています。チャンネル４では、「ヒット・ザ・ロード・ジャック」シリーズのツアーを追う番組も放映されました。

マーカス，ゲアリー（認知《にんち》科学者、作家）

心理学教授で、ニューヨーク大学の言語音楽センターの責任者です。心と脳の起源と発達に関する著書には、『心を生みだす遺伝子《いでんし》』、『脳はあり合わせの材料から生まれた』、『ギター・ゼロ』などがあり、「ジミ・ヘンドリックスとオリヴァー・サックスの出会い」と評されました。

マクギャヴィン，ジョージ（昆虫学者《こんちゅうがくしゃ》）

小さいころからずっと、野生生物、とくに昆虫のことばかり考えて暮らしてきました。著名な昆虫学者、動物学者として、たくさんの本を書き、長年にわたって大学で教えたあと、今ではBBCの科学や自然を扱《あつか》う番組のプレゼンターをしています。自分の名前にちなんで命名された昆虫の種《しゅ》がいくつかあり、それらの種が自分よりあとまで生き残ってくれることを願っています。

マグヌソン，サリー（ジャーナリスト）

スコットランドでニュース番組のプレゼンターをしているジャーナリストです。ニュースは少し暗くなることもあるので、『ライフ・オブ・ピー——ザ・ストーリー・オブ・ハウ・ユーリン・ゴット・エブリウェア』のような楽しい本も書いています。はじめて書いた子どもむけの本は『ホラス・アンド・ザ・ハギス・ハンター』で、夫がイラストレーションを担当し、子どもたちが書くのを手伝ってくれました。

ホーナー，ジャック（古生物学者）

アメリカのロッキー山脈博物館で古生物学のキュレーターをしています。世界ではじめて恐竜《きょうりゅう》の胚《はい》を発見し、恐竜のふたつの種《しゅ》がホーナーの名にちなんで命名されました。スティーヴン・スピルバーグ監督《かんとく》の映画「ジュラシック・パーク」シリーズとフォックステレビのドラマ「テラノバ」では、テクニカルアドバイザーを務めています。愛犬の名前はドーグです。

ボニン，リズ（科学・自然テレビ番組のプレゼンター）

生化学と、野生動物を専門とする生物学の勉強をしました。テレビ番組「バン・ゴーズ・ザ・セオリー」のプレゼンターとしてたびたび登場し、最近はBBC Oneの「スーパー・スマート・アニマルズ」のプレゼンターも務めています。大型のネコ科の動物が大好きで、トラを絶滅《ぜつめつ》から救う活動に参加しています。

ホームズ，ケリー（陸上競技選手、オリンピック金メダリスト）

学校の先生に勧《すす》められたのがきっかけで、12歳《さい》から走りはじめました。その後オリンピックでの勝利を目指し、2004年のオリンピックで800メートルと1500メートルの2個の金メダルを手にして、夢を実現させました。自身の会社ダブル・ゴールド・エンタープライジズとチャリティーのDKHレガシー・トラストを通し、若者がスポーツや人生でもてる力を十分に発揮できるよう励《はげ》ましています。2005年にはイギリス女王からデイムの勲位《くんい》を授かりました。

ポラード，ジャスティン（歴史学者）

ほとんどいつも本、記事、「QI」などのテレビ番組を書いている歴史学者です。「縞模様《しまもよう》のパジャマの少年」から「パイレーツ・オブ・カリビアン」まで、数々の映画でアドバイザーを務め、9冊の著書のひとつでは爆発《ばくはつ》したトイレの逸話《いつわ》を紹介《しょうかい》しています。

ホロウェイ，リチャード（作家、コメンテーター）

わずか14歳《さい》で見習い牧師になるために寄宿学校にはいり、その後エジンバラ大司教になりました。現在は番組制作や本の執筆《しっぴつ》に力を入れ、

ベイカー，ニック（ナチュラリスト、コメンテーター）
子どものころは、クモ、テントウムシ、カエルを、ジャムのびんがいっぱいになるほど集めていました。今では「虫博士」として、人々が誤解している昆虫《こんちゅう》の世界を正しく紹介《しょうかい》する番組を作っています。虫が大好きな子どもたちのために、『ニック・ベイカーズ・バグ・ブック』を書きました。

ペストン，ロバート（BBC ビジネスエディター）
人、会社、国がどのようにしてお金を稼《かせ》ぐのか、なぜ一部が金持ちになって一部が貧乏《びんぼう》になるのかについて、番組を作って放送し、本を書いています。

ベラミー，デヴィッド（植物学者）
植物学者で、本の著者としてもテレビ番組のプレゼンターとしても知られています。1970年代から80年代にかけて、イギリスの自然科学番組の人気プレゼンターとして有名になりました。これまでに34冊の本を書きましたが、その多くが子どものための本です。自然保護基金を立ち上げて、その代表者も務めています。

ペン，ロバート（作家）
大人になってから、ほとんど毎日自転車に乗っています。20代のときに仕事をやめ、自転車で世界一周の旅に出ました。今はジャーナリストであり、テレビ番組のプレゼンターであり、作家でもあります。『ザ・ロング・カインド・オブ・スノー』では天気について書き、最新の著書は『イッツ・オール・アバウト・ザ・バイク——ザ・パーシュート・オブ・ハッピネス・オン・トゥー・ホイールズ』です。

ポッター，クリストファー（サイエンスライター）
『ユー・アー・ヒア——ア・ポータブル・ヒストリー・オブ・ザ・ユニバース』の著者です。この本では、クォークから超銀河団《ちょうぎんがだん》まで、スライムからホモサピエンスまで、宇宙の一生について語っています。

イラする理由、ティーンエイジャーが朝寝坊《あさねぼう》をする理由など、体内時計のことならなんでも知っています。

フォーティ，リチャード（古生物学者）
三葉虫《さんようちゅう》の化石が大好きで、絶滅《ぜつめつ》してしまったこのふしぎな海の生き物が何億年も前にどんなふうに暮らしていたのかを知りたくて、長い年月をかけて研究しています。これまでに7冊の本を書き、そのうちの『サバイバーズ』はテレビのシリーズにもなりました。もうひとつ夢中になっているものはキノコです。ヘンリーオンテムズ（ロンドン近郊《きんこう》）の自宅のまわりの丘陵《きゅうりょう》を歩きまわっては、いろいろな種《しゅ》のキノコや風変わりなキノコを集めています。

ブラウン，ダレン（イリュージョニスト）
マジックと心理学を組みあわせたパフォーマンスで、人の行動を予想して操《あやつ》っているように見せたり、メンタリズムのドキッとさせる技《わざ》を披露《ひろう》したりします。本を書き、人物画を描《か》き、オウムが大好きです。

プルマン，フィリップ（作家）
『ライラの冒険《ぼうけん》』シリーズ3部作のほか、数々の本を書いています。8歳《さい》のときにマンガのおもしろさを発見し、その大きな力は、今でも著作や絵に強い影響《えいきょう》をおよぼしています。

ブルメンタール，ヘストン（シェフ）
「スネイル・ポリッジ（カタツムリのおかゆ）」や「ベーコン・アンド・エッグ・アイスクリーム」を考えだしたシェフで、自分でも料理を教え、変わった香料《こうりょう》やテクニックを使って実験をするのが好きです。チョコレート工場のウィリー・ウォンカにちょっと似ています。

プレイター＝ピニー，ギャヴィン（作家、雲を愛《め》でる会の設立者）
「雲を愛でる会」を設立し、『「雲」のコレクターズ・ガイド』、『「雲」の楽しみ方』、『ザ・ウェイブウォッチャーズ・コンパニオン』を書きました。子どものころはいろいろな質問をして楽しみ、今は質問に答えるのを楽しんでいます。

ズ」、BBC ワールドサービスの「ヘルスチェック」のプレゼンターを担当しています。

バーロウィッツ，ヴァネッサ（テレビドキュメンタリー制作者）
BBC で20年以上も野生生物の番組の制作にたずさわってきました。これまでに手がけた番組には、「フローズン プラネット」、「プラネット アース」、「ザ・ライフ・オブ・ママルズ」などがあります。これまで運に恵《めぐ》まれ、ジェームズ・ボンドばりの知性で狩《か》りをする小さなクモから、パキスタンの山奥《やまおく》に住むユキヒョウまで、人々がおどろく映像を残すことができました。

ハンブル，ケイト（野生生物テレビ番組のプレゼンター）
野生生物や科学のテレビ番組でプレゼンターをしています。5歳《さい》のときから乗馬を習い、子どものころはほとんどいつも馬小屋の掃除《そうじ》をしてすごしていました。アフリカでライオン、ウェールズでヒツジの出産を撮影《さつえい》していないときには、農場で夫とトレーニング用のコースを走っています。

ヒル，ハリー（コメディアン）
以前は医師でしたが、もうだいぶ前にやめました。現在は数多くのテレビ番組をもち、冗談《じょうだん》を言うのが仕事です。趣味《しゅみ》は絵を描《か》くこと、それからときどきスイングボールで遊ぶことです。

ファウラー，アリス（ガーデニングの専門家）
ガーデニングと、愛犬イゾベルが大好きです（イゾベルはときどき掘《ほ》ってはいけない場所に穴を掘るので、サトウニンジンを収穫《しゅうかく》すると、おやつの骨がまじっていることもあります）。園芸学を学び、ガーデニングの番組に出演したり、本やコラム記事などを書いたりしています。

フォスター，ラッセル・G（時間生物学者、神経科学者）
人間などの動物が夜と昼から受ける影響《えいきょう》を調べる、概日《がいじつ》リズムの神経科学を研究しています。夜寝《ね》るはずの時間をすぎて起きているとイラての本など、数多くの著書があります。最近、今飼っているネコの伝記『ティリー、ジ・アグリエスト・キャット・イン・ザ・シェルター』を書きました。

ハート，ミランダ（コメディアン）
コメディアンで、コメディー作家でもあり、ホームコメディー「ミランダ」の人気によって、イギリスで最も親しまれているコメディアンのひとりになりました。物心ついたときからコメディアンになりたいと思ってきましたが、テニスのウィンブルドン選手権で女子チャンピオンになるというもうひとつの夢も、まだあきらめたわけではありません。

ハート＝デイヴィス，アダム（作家）
本を書くとともにテレビ番組に数多く出演し、以前はテレビ番組「ローカル・ヒーローズ」、「トゥモローズ・ワールド」、「ホワット・ザ・ローマンズ・ディド・フォー・アス」（同シリーズ多数）、「ハウ・ロンドン・ワズ・ビルト」のプレゼンターを務めました。30冊ほどの著書がある一方、木工が趣味《しゅみ》で、椅子《いす》、卵立て、スプーンなどを長い時間をかけて作ります。

パトリック，ニコラス・J・M（NASA宇宙飛行士）
イギリス生まれのNASA宇宙飛行士で、スペースシャトルのミッションに２回加わり、国際宇宙ステーションから３回の宇宙遊泳を経験しました。どんなふうにして、この魅力《みりょく》的な仕事についたのでしょうか？　ケンブリッジ大学とマサチューセッツ工科大学で工学を勉強し、ジェットエンジンと航空機のコックピットを設計したのがスタートです。

ハモンド，クラウディア（心理学者、ラジオ番組のプレゼンター）
ラジオやテレビ番組に出演し、本を書き、心理学の講演をします。『タイム・ワープト』と『エモーショナル・ローラーコースター』の２冊の著書があり、感覚の科学について紹介《しょうかい》しています。BBCラジオ４の「オール・イン・ザ・マインド」、「マインド・チェンジャー

ドクター・バンヘッド（別名トム・プリングル）（スタントサイエンティスト）
世界じゅうをめぐるとともに「ブレイニアック」のようなテレビ番組に出演して、華々《はなばな》しい科学実験をサイエンスショーとして披露《ひろう》しています。理科を興味深くてわかりやすい科目にする方法を教える、教師むけのトレーニングコースも開いています。

ニコルズ，デヴィッド（作家）
小説家で、映画やテレビの脚本《きゃくほん》も手がけています。人気を得た最初の小説は『スターター・フォー・テン』で、ラブストーリーの『ワン・デイ』は世界じゅうで何百万人もの読者に愛されています。どちらの小説も映画化され、脚本も自身で担当しました。

ハイフィールド，ロジャー（サイエンス・ミュージアム・グループの広報担当部長）
現在はサイエンス・ミュージアム・グループの理事で、その前は「ニュー・サイエンティスト」誌の編集を担当していました。また、はじめてシャボン玉で中性子《ちゅうせいし》を反射《はんしゃ》させたことでも知られています。

バイロン，タニア（臨床《りんしょう》心理学者）
心の健康と行動の問題を抱えている人たちを治療《ちりょう》する、臨床心理学者です。テレビやラジオの番組に頻繁《ひんぱん》に出演し、たくさんの記事や本を書いています。

バジーニ，ジュリアン（哲学者《てつがくしゃ》）
何冊かの著作があり、最新作は『ジ・エゴ・トリック』です。「ザ・フィロソファーズ・マガジン」誌の共同創刊者兼《けん》編集長で、さまざまな新聞や雑誌に数多く寄稿《きこう》しています。アレキサンダー・マッコール・スミスが書いたふたつの小説では、登場人物になっています。

ハッドン，セリア（作家、ペット相談回答者）
『キャッツ・ビヘイビング・バッドリー』をはじめとしたネコについ

デュ・ソートイ，マーカス（数学者）
オックスフォード大学の数学教授で、数多くの数学のテレビ番組制作にかかわってきました。そのなかには「ザ・コード」や、コメディアンのアラン・デイヴィスとダラ・オブライアンが出演するものなどがあります。ローレン・チャイルド（『チャーリーとローラのおはなし』シリーズを書いた作家）にも協力して、子どもスパイのルビー・レッドフォートが登場する本で、パズルと暗号を考えました。

ド・ボトン，アラン（哲学者《てつがくしゃ》）
哲学、宗教、芸術、旅行に関する本を書いています。スイス生まれのために変わった名前ですが、今では英語をごく自然に話します。レゴの大ファンで、時間があればいつも７歳《さい》と５歳の息子たち、サミュエルとソールといっしょになって、床《ゆか》いっぱいにレゴを広げて何かを作っています。

トゥーヘイ，ピーター（学者、作家）
カナダのロッキー山脈に近い広大な大草原のはしで暮らしています。カルガリー大学で古典の教授をし、著書『ボアダム――ア・ライブラリー・ヒストリー』もありますが、子どものころはどうしても農業をしたいと思っていました。

ドーキンス，リチャード（進化生物学者）
学校で進化について教えることを支持する進化生物学者です。『神は妄想《もうそう》である』や、森羅万象《しんらばんしょう》の驚異《きょうい》をわかりやすく説明している若者むけの科学の本『ドーキンス博士が教える「世界の秘密」』など、数多くの本を書いています。

トクスヴィグ，サンディ
一流のコメディアン、俳優、ライターで、政治的な風刺《ふうし》ではイギリスで最も有名です。BBCラジオ４で「ザ・ニュース・クイズ」を司会し、子どもむけの『ヒットラーのカナリヤ』や少女むけの歴史の本『ガールズ・アー・ベスト』など、13冊の著書があります。

スパフォード，フランシス（作家）
ノンフィクション作家で、歴史と、ちがう時代に生きたらどんな感じがしたかに関心があります。それでも最新の著書『アンアポロジェティック』では、宗教はどんな感じがするのかについて書きました。娘《むすめ》がふたりいて、妻は教区の牧師です。

スミット，ティム（エデン・プロジェクト最高責任者）
友人たちの助けを借りて、コーンウォール州で「エデン・プロジェクト」を立ち上げました。５年の歳月《さいげつ》をかけて泥沼《でいしょう》を広大な美しい庭園に変え、今では毎年何千人もの人々が、めずらしい植物を見て環境《かんきょう》について学ぶために訪《おとず》れています。

ダンバー，ロビン（進化心理学者）
サル、類人猿《るいじんえん》、人間の行動の進化について調べる研究者のグループを率いています。

チャウン，マーカス（宇宙の本の著者）
ブラックホールやビッグバンなどについて大人むけの本を書く一方で、『フェリシティー・フロビシャー・アンド・ザ・スリーヘッディド・アルデバラン・ダスト・デビル』のような子どもむけのふざけた本も書いています。

チョムスキー，ノーム（言語学者、哲学者《てつがくしゃ》）
アメリカのマサチューセッツ工科大学を拠点《きょてん》として活躍《かつやく》している言語学者で哲学者です。

ティルズリー，ジョイス（エジプト学者）
イギリス、ヨーロッパ、エジプトで、考古学の発掘《はっくつ》にたずさわってきました。割れた食器や石器はたくさん見つけましたが、ミイラを見つけたことはまだありません。エジプトで発掘をしていないときには、世界じゅうのあらゆる年齢《ねんれい》の学生に、オンラインでエジプト学を教えています。

ンソボソリウム・ジンメリという名前がつけられています。

スウェイル＝ポープ，ロージー（走って世界一周した女性冒険家《ぼうけんか》）
世界を走ってひとまわりしようときめたのは、57歳《さい》のときでした。夫をがんで亡《な》くし、「命をこの手に」しっかりつかみ、慈善《じぜん》のために基金を集める必要があると感じたからです。世界をヨットで一周し、さらに走って一周した、ただひとりの人物です。

スチュアート，イアン（地質学者）
プリマス大学で地球科学コミュニケーションの教授をしながら、BBCの人気番組のプレゼンターも務めました。登場した番組には、「アース――ザ・パワー・オブ・ザ・プラネット」、「ハウ・アース・メイド・アス」、「メン・オブ・ロック」、「ハウ・トゥー・グロー・ア・プラネット」などがあります。

ストラカン，ミケイラ（野生生物テレビ番組のプレゼンター）
25年以上も、子どもむけや野生生物の番組のプレゼンターを務めています。番組では、サメに手でエサをやり、クマを助け、ハチドリにキスをし、チーターといっしょに走り、ヘビをつかまえ、コウモリのふんにひざまでつかり、ゾウのお尻《しり》に手を差しのべた経験があります。

ストリンガー，クリス（古人類学者）
ロンドンにある自然史博物館の古生物学部門で仕事をしています。そのため、大むかしの人間についてや、わたしたちがどのように進化したかについて、たくさんのことを知っています。10歳《さい》のころ、絵を描《か》くのが大好きなものがふたつあって、ひとつは飛行機、もうひとつは頭がい骨でした。

スノウ，ダン（歴史学者）
BBCの歴史番組制作に取り組み、iPad《アイパッド》用のアプリも制作しています。家族、大きなグレートデンのオットーといっしょに、ニューフォレストで暮らしています。歴史が好きなのは、だれにとっても、これまでに起きたいちばんワクワクすることがそこにあるからです。

サルと類人猿《るいじんえん》のたくさんの種《しゅ》を含《ふく》むグループの名前なので、からだの大きいゴリラから小さいリスザルまで、遊び好きなテナガザルからちょっと生意気なクモザルまで、じつにさまざまな動物が相手です。

ジャーヴィス，サラ（医師、コメンテーター）
BBC ラジオ 2 や「ザ・ワン・ショー」にレギュラー出演して医療《いりょう》についてのアドバイスをしている開業医で、新聞や雑誌にも記事を書いています。専門は女性の健康です。

シャーキー，クレイ（インターネットに注目するライター）
ニューヨーク大学の教師として、みんなにインターネットの使い方がわかるよう教えています。また、『みんな集まれ！　ネットワークが世界を動かす』など、たくさんの人たちがインターネットを使って力を合わせるとどうなるかについての本を書いています。家族といっしょにニューヨーク市に住み、ちょうどみなさんと同じくらいの年齢《ねんれい》の子どもがふたりいます。

ショスタク，セス（天文学者）
8 歳《さい》のとき、はじめて太陽系について書いた本を手にとり、エイリアンに関心をもちました。現在はカリフォルニア州にある SETI 研究所の上級天文学者です。SETI は「地球外知的生命体探査」を意味しています。

シン，サイモン（サイエンスライター）
9 歳《さい》のとき、原子《げんし》物理学者になりたいと思いました。そこで素粒子《そりゅうし》物理学を学び、ケンブリッジ大学と CERN（欧州《おうしゅう》合同素粒子原子核《げんしかく》研究機構）で仕事をしたのですが、科学を研究するより、科学について書くほうが得意であることに気づきました。著書には、『ビッグバン宇宙論』、『暗号解読』、『フェルマーの最終定理』などがあります。

ジンマー，カール（サイエンスライター）
科学について13冊の著作があります。好きな動物は寄生虫です。ジンマーの名にちなみ、オーストラリアの魚に寄生するサナダムシにアカて、環境《かんきょう》問題の意識を高める活動もしています。その冒険《ぼうけん》を『ローイング・ジ・アトランティック——レッスンズ・ラーンド・オン・ジ・オープン・オーシャン』に記録しました。

ジェッセン，クリスチャン（医師）
健康増進活動に力を注いでいる医師で、テレビ番組「エンバラッシング・ボディーズ」、「スーパーサイズ・ヴァーサス・スーパースキニー」、「ジ・アグリー・フェイス・オブ・ビューティー」のカリスマ的プレゼンターです。開業医が集まっていることで有名なロンドンのハーレー街で仕事をしています。オーボエの演奏が趣味《しゅみ》で、ときどきコンサートも開きます。

ジェームズ，オリヴァー（心理学者）
心理学者の両親のもとに生まれ、自身も心理学者になりました。テレビ番組制作、記事や本の執筆《しっぴつ》の仕事をし、著書には『アフルエンザ』『ブリテン・オン・ザ・カウチ』などがあります。子どものころはとてもいたずらで、学校の成績はひどいものでしたが、大学にすすんでからいっしょうけんめいに勉強をはじめました。

ジェームズ，カレン（生物学者）
アメリカのメイン州バーハーバーにあるマウント・デザート・アイランド生物学研究所で、生物学の研究をしています。「ビーグル号プロジェクト」の共同設立者として理事を務め、1830年代にチャールズ・ダーウィンを乗せて海をわたった船を再建し、航海に出ることを目指しています。

シェルドレイク，ルパート（生物学者、作家）
生物学者で、『あなたの帰りがわかる犬』などの著書があります。10歳《さい》のときにハトを飼い、そのときからずっと、動物は家に帰る道がどのようにしてわかるのかに興味を抱《いだ》いてきました。

シモンズ，ダニエル（ロンドン動物園飼育員）
ロンドン動物園で霊長類《れいちょうるい》の飼育を担当しています。霊長類というのは長すぎると、脳がどうなってしまうかにとても興味があります。

グレイリング，A・C（哲学者《てつがくしゃ》）
ロンドンのニュー・カレッジ・オブ・ヒューマニティーズの学長で、哲学などについて、20冊以上の本を書いたり編集したりしました。14歳《さい》のとき、ムチで叩《たた》かれることが多いのに反発して学校を逃《に》げだした経験があり、今ではもうムチが使われなくなったことを、とてもうれしく思っています。

クロフォード，アレックス（戦場記者）
諜報《ちょうほう》機関に尋問《じんもん》され、米国陸軍によって救出され、テレビの生中継《なまちゅうけい》の現場で撃《う》たれた経験があります。スカイニュースの特派員を務め、リビア内戦についての本『コロネル・ガダフィズ・ハット』を書きました。夫のリチャード、ひとりの息子、３人の娘《むすめ》たちと、ヨハネスブルグに住んでいます。

コッカー，ジャーヴィス（ミュージシャン）
24年にわたってバンド「パルプ」のリーダーをつづけた、イギリスで最も親しまれているミュージシャンのひとりです。ポップスの曲にはめずらしく、少し堅苦《かたくる》しい言葉づかいのウィットに富んだ歌を作ります。現在はソロのアーティストとして、作詞をし、歌い、ラジオ番組をもっています。

サイクス，キャシー（物理学者）
大学教授の物理学者で、楽しめる科学番組のプレゼンターも務め、チェルトナム・サイエンス・フェスティバルの創設にも力を貸しました。鍋《なべ》のふたとガラスのかけらで顕微鏡《けんびきょう》を作る方法を知っていて、むかしフィレンツェで手品師の助手をしていたこともあります。

サベージ，ロズ（手漕《てこ》ぎボートで３つの大洋を単独横断した女性）
手漕ぎボートで海をわたる世界記録を４つもっていて、大西洋、太平洋、インド洋の３つの大洋を手漕ぎボートで単独横断した世界初の女性です。国連の「気候ヒーロー」、350.org の「アスリート大使」としました。小惑星《しょうわくせい》3922に、ヘザー・クーパーにちなんでヘザーという名前がつけられています。

クラウス，ローレンス（素粒子《そりゅうし》物理学者、宇宙学者）
アリゾナ州立大学の理論物理学者で、宇宙についての大きな疑問に取り組んでいます。著書には、『ザ・フィジックス・オブ・スター・トレック』のように子どもも読める本や、『ア・ユニバース・フロム・ナッシング』のように自分の考えを曲げない人にはむずかしい本などがあります。カナダの出身で、フライフィッシングとマウンテンバイクでのサイクリングが大好きです。

グリビン，ジョン（サイエンスライター、SF作家）
ケンブリッジ大学で天文物理学を勉強したあと、サイエンスライターになりました。『タイム・トラベル・フォー・ビギナーズ』や『シュレーディンガーの猫《ねこ》』などの数多くのノンフィクションや、サイエンスフィクションの著書があります。バンド「スリー・ボンゾス・アンド・ア・ピアノ」のために作詞もしています。

グリルス，ベア（冒険家《ぼうけんか》、サバイバルの達人）
テレビ番組「サバイバルゲーム」では、ウジムシを食べ、シカの死骸《しがい》の上で眠りました。子どものころ武術を習い、その後、英国特殊《とくしゅ》部隊に加わり、23歳《さい》のときエベレストに登頂しています。南極から北極まで、はるか遠くの地で、チャリティーのためにたくさんの探検を率いてきました。英国ボーイスカウト連盟のチーフスカウトです。

グリーン，ルーシー（宇宙科学者）
地球からいちばん近い恒星《こうせい》である太陽の大気を研究しています。発見したことについて本を書き、テレビ番組に出演し、ときには学校を訪問して、宇宙について考えるのが大好きな子どもたちと話をします。

グリーンフィールド，スーザン（神経科学者）
脳の働きについてなんでも知っている科学者です。とくに、コンピューターゲームで遊ぶ時間やツイッターやフェイスブックを使う時間が

オリヴァー，ニール（考古学者）
BBCの「コースト」などの番組でお馴染《なじ》みの顔になった考古学者、歴史学者で、最新の著書に『ア・ヒストリー・オブ・アンシャント・ブリテン』があります。なにかを掘《ほ》りだすことと「インディ・ジョーンズ」の映画を見ることが、なによりも好きです。

カーメル，アナベル（育児本作家）
赤ちゃんや小さい子どもたちになにを食べさせたらよいかの専門家で、自分自身にも3人の子どもがいます。20年ほど前に書いた『コンプリート・ベイビー・アンド・トドラー・ミール・プランナー』が人気を博して以来、さらに25冊の本を出版すると同時に、テレビ番組「アナベルズ・キッチン」のプレゼンターも務めています。

カーランスキー，マーク（ジャーナリスト）
これまでにノンフィクションとフィクションをあわせて25冊の本を書きました。最もよく知られているのは『鱈《たら》』と『「塩」の世界史』、それを子どもむけにした『タラの物語』と『塩の物語』です。娘《むすめ》のタリアは父親が書いたものをすべて読み、本が退屈《たいくつ》になりすぎないようにアドバイスしています。

カーワーディン，マーク（動物学者）
動物学者で、積極的に発言する自然保護論者でもあります。50冊以上の本を書き、野生生物の写真家、雑誌のコラムニストとしても活躍《かつやく》しています。またスティーヴン・フライといっしょにBBC2の番組「ラスト・チャンス・トゥー・シー」のプレゼンター、ロンドンの自然史博物館を紹介《しょうかい》するシリーズ「ザ・ミュージアム・オブ・ライフ」のプレゼンターも担当しました。

クーパー，ヘザー（宇宙物理学者）
天文学と宇宙に関する本を書き、ラジオやテレビ番組でも活躍《かつやく》しています。グリニッジ・プラネタリウムの講師を5年間務め、30冊を超《こ》える著書があります。1986年にはロンドンからニュージーランドまで飛行するコンコルドの機上天文学者として、乗客にハレー彗星《すいせい》を紹介《しょうかい》し

ウォン，ヤン（進化生物学者、科学番組コメンテーター）
進化生物学者としてBBC Oneの番組「バン・ゴーズ・ザ・セオリー」のプレゼンターを務め、むずかしいことをわかりやすく説明しています。生物学に情熱を傾《かたむ》け、リチャード・ドーキンスの『祖先の物語』の執筆《しっぴつ》を手伝いました。

ウッダード，ケイティ（法医学者）
アメリカのシアトルで、DNAの痕跡《こんせき》を用いて犯罪を解決する科学捜《そう》査官《さかん》をしています。ふたりの子どもに家で勉強を教え、子どもの本『マイ・ファースト・ブック・アバウトDNA』を書きました。

ウッド，マイケル（歴史家）
歴史家、ライター、映画とテレビ番組のプロデューサーとして活躍《かつやく》し、著作や「コンキスタドールズ」、「ザ・ストーリー・オブ・インディア」、最新作「ザ・ストーリー・オブ・イングランド」などの番組が高く評価されています。

ウッドワード，アントニー（作家）
『ザ・ロング・カインド・オブ・スノー』や、飛行機の操縦について書いた『プロペラーヘッド』などの著作があります。最新作は『ザ・ガーデン・イン・ザ・クラウズ』で、ウェールズ地方の山の頂上で庭を作る話です。なぜかこれまでに書いた本はすべて、雲に関係のあるものばかりでした。

エニス，ジェシカ（アスリート）
イギリスのスター陸上選手で、ハードルと、いくつもの異なる種目が得意でなければ参加できない競技を専門としています。7種競技では、現ヨーロッパチャンピオン、前世界チャンピオンです（7種競技は、走り高《たか》跳《と》び、走り幅《はば》跳《と》び、砲丸《ほうがん》投げ、やり投げなどの7つの種目で競《きそ》います）。

イーグルマン，デヴィッド（脳神経学者）
脳科学者で、本も書いています。脳の研究室では、時間と意識、そしてその法則について研究しています。

イングス，サイモン（サイエンスライター）
小説家で、サイエンスライターでもあり、「ニュー・サイエンティスト」誌と同じ出版社発行の未来について考える雑誌「アーク」の編集長をしています。著書『見る』では、眼《め》の化学、物理学、生物学を探《さぐ》りました。

ウィンターソン，ジャネット（作家）
（聖書以外の）本を読むことを勧《すす》められない家庭の養子となって育ちました。さいわい、その家の中にはトイレがなかったので、屋外のトイレで懐中電灯《かいちゅうでんとう》を使って物語などを読むことができました。23歳《さい》のとき、はじめての本『オレンジだけが果物じゃない』を書き、それからずっと大人や子どもにむけた本を書きつづけています。

ウェッブ，ロバート
デヴィッド・ミチェルとコメディーコンビ「ミチェル・アンド・ウェッブ」を組み、「おーい、ミッチェル！　はーい、ウェッブ!!」や「ピープ・ショー」の番組をもっています。そのほかに、ディケンズ作品のパロディー「ブリーク・オールド・ショップ・オブ・スタッフ」や、映画「ザ・ウェディング・ビデオ」にも出演しているほか、テレビの連続ドラマやクイズ番組、またラジオ番組やウェストエンドの劇場にも、ひんぱんに登場しています。

ウォーカー，ガブリエル（気候とエネルギーのライター、コメンテーター）
世界がどのように動いているかについて、本を書き、番組を制作しています。アマゾンではピラニアといっしょに泳ぎ、ハワイではハンマーを使って活火山から溶岩《ようがん》を取りだしたことがあります。でもいちばん好きな場所は南極で、これからもずっと、冷たい氷でおおわれていてほしいと願っています。

回答者略歴

アッテンボロー，デヴィッド（動物学者、植物学者）

イギリスで最も広く知られた自然科学番組のプロデューサーで、環《かん》境《きょう》問題の専門家でもあります。動植物学者および番組制作者としての仕事はおよそ50年にわたり、地球上で訪《おとず》れたことがない場所は、もうほとんどありません。

アデリン＝ポコック，マギー（宇宙科学者）

子どものころから宇宙を夢見てすごし、今は宇宙科学者になりました。わたしたちが住んでいるこのすばらしい宇宙のことを、広く人々に伝えたいと考えています。学校を訪問して、宇宙科学者としてのおもしろい仕事の話をし、望みを高くもつようにと子どもたちを励《はげ》ましています。

アルカリーリ，ジム（科学者、コメンテーター）

イギリスの科学者で、本を書き、テレビ番組にも出演しています。サリー大学の物理学教授をしながら、科学についてよくわかるように、人々の手助けをする仕事を楽しんでいます。

アンダーソン，クライブ

法廷《ほうてい》弁護士から喜劇作家に転身し、コメディー番組「フーズ・ライン・イズ・イット・エニーウェイ？」のプレゼンターとして有名になりました。数々のラジオやテレビ番組の司会を務めています。現在はBBC ラジオ 4 の「ルーズ・エンズ」や「アンリライアブル・エビデンス」などを司会するとともに、『アンリライアブル・メモワールズ』も書いています。

本書は二〇一三年、小社より単行本として刊行された。

世《せ》界《かい》一《いち》素《そ》朴《ぼく》な質問《しつもん》、宇宙《うちゅう》一《いち》美《うつく》しい答《こた》え

二〇一九年 四 月一〇日　初版印刷
二〇一九年 四 月二〇日　初版発行

編　者　G・E・ハリス
訳　者　西田《にしだ》美緒子《みおこ》
絵　タイマタカシ
発行者　小野寺優
発行所　株式会社河出書房新社
〒一五一-〇〇五一
東京都渋谷区千駄ヶ谷二-三二-二
電話〇三-三四〇四-八六一一（編集）
〇三-三四〇四-一二〇一（営業）
http://www.kawade.co.jp/

ロゴ・表紙デザイン　粟津潔
本文フォーマット　佐々木暁
本文組版　株式会社創都
印刷・製本　凸版印刷株式会社

Printed in Japan　ISBN978-4-309-46493-0

人間はどこまで耐えられるのか

フランセス・アッシュクロフト　矢羽野薫〔訳〕　46303-2

死ぬか生きるかの極限状況を科学する！　どのくらい高く登れるか、どのくらい深く潜れるか、暑さと寒さ、速さなど、肉体的な「人間の限界」を著者自身も体を張って果敢に調べ抜いた驚異の生理学。

「困った人たち」とのつきあい方

ロバート・ブラムソン　鈴木重吉／峠敏之〔訳〕　46208-0

あなたの身近に必ずいる「とんでもない人、信じられない人」——彼らに敢然と対処する方法を教えます。「困った人」ブームの元祖本、二十万部の大ベストセラーが、さらに読みやすく文庫になりました。

古代文明と気候大変動　人類の運命を変えた二万年史

ブライアン・フェイガン　東郷えりか〔訳〕　46307-0

人類の歴史は、めまぐるしく変動する気候への適応の歴史である。二万年におよぶ世界各地の古代文明はどのように生まれ、どのように滅びたのか。気候学の最新成果を駆使して描く、壮大な文明の興亡史。

歴史を変えた気候大変動

ブライアン・フェイガン　東郷えりか／桃井緑美子〔訳〕　46316-2

歴史を揺り動かした五百年前の気候大変動とは何だったのか？　人口大移動や農業革命、産業革命と深く結びついた「小さな氷河期」を、民衆はどのように生き延びたのか？　気候学と歴史学の双方から迫る！

海を渡った人類の遥かな歴史

ブライアン・フェイガン　東郷えりか〔訳〕　46464-0

かつて誰も書いたことのない画期的な野心作！　世界中の名もなき古代の海洋民たちは、いかに航海したのか？　祖先たちはなぜ舟をつくり、なぜ海に乗りだしたのかを解き明かす人類の物語。

人類が絶滅する6のシナリオ

フレッド・グテル　夏目大〔訳〕　46454-1

明日、人類はこうして絶滅する！　スーパーウイルス、気候変動、大量絶滅、食糧危機、バイオテロ、コンピュータの暴走……人類はどうすれば絶滅の危機から逃れられるのか？

FBI捜査官が教える「しぐさ」の心理学

ジョー・ナヴァロ／マーヴィン・カーリンズ　西田美緒子〔訳〕　46380-3

体の中で一番正直なのは、顔ではなく脚と足だった！「人間ウソ発見器」の異名をとる元敏腕FBI捜査官が、人々が見落としている感情や考えを表すしぐさの意味とそのメカニズムを徹底的に解き明かす。

人生に必要な知恵はすべて幼稚園の砂場で学んだ　決定版

ロバート・フルガム　池央耿〔訳〕　46421-3

本当の知恵とは何だろう？　人生を見つめ直し、豊かにする感動のメッセージ！　“フルガム現象”として全米の学校、企業、政界、マスコミで大ブームを起こした珠玉のエッセイ集、決定版！

植物はそこまで知っている

ダニエル・チャモヴィッツ　矢野真千子〔訳〕　46438-1

見てもいるし、覚えてもいる！　科学の最前線が解き明かす驚異の能力！視覚、聴覚、嗅覚、位置感覚、そして記憶──多くの感覚を駆使して高度に生きる植物たちの「知られざる世界」。

犬の愛に嘘はない　犬たちの豊かな感情世界

ジェフリー・M・マッソン　古草秀子〔訳〕　46319-3

犬は人間の想像以上に高度な感情──喜びや悲しみ、思いやりなどを持っている。それまでの常識を覆し、多くの実話や文献をもとに、犬にも感情があることを解明し、その心の謎に迫った全米大ベストセラー。

オックスフォード&ケンブリッジ大学　世界一「考えさせられる」入試問題

ジョン・ファーンドン　小田島恒志／小田島則子〔訳〕　46455-8

世界トップ10に入る両校の入試問題はなぜ特別なのか。さあ、あなたならどう答える？　どうしたら合格できる？　難問奇問を選りすぐり、ユーモアあふれる解答例をつけたユニークな一冊！

脳はいいかげんにできている

デイヴィッド・J・リンデン　夏目大〔訳〕　46443-5

脳はその場しのぎの、場当たり的な進化によってもたらされた！　性格や知能は氏か育ちか、男女の脳の違いとは何か、などの身近な疑問を説明し、脳にまつわる常識を覆す！　東京大学教授池谷裕二さん推薦！

脳を最高に活かせる人の朝時間

茂木健一郎　41468-3

脳の潜在能力を最大限に引き出すには、朝をいかに過ごすかが重要だ。起床後３時間の脳のゴールデンタイムの活用法から夜の快眠管理術まで、頭も心もポジティブになる、脳科学者による朝型脳のつくり方。

脳が最高に冴える快眠法

茂木健一郎　41575-8

仕事や勉強の効率をアップするには、快眠が鍵だ！　睡眠の自己コントロール法や“記憶力”“発想力”を高める眠り方、眠れない時の対処法や脳を覚醒させる戦略的仮眠など、脳に効く茂木式睡眠法のすべて。

都市のドラマトゥルギー　東京・盛り場の社会史

吉見俊哉　40937-5

「浅草」から「銀座」へ、「新宿」から「渋谷」へ——人々がドラマを織りなす劇場としての盛り場を活写。盛り場を「出来事」として捉える独自の手法によって、都市論の可能性を押し広げた新しき古典。

心理学化する社会

斎藤環　40942-9

あらゆる社会現象が心理学・精神医学の言葉で説明される「社会の心理学化」。精神科臨床のみならず、大衆文化から事件報道に至るまで、同時多発的に生じたこの潮流の深層に潜む時代精神を鮮やかに分析。

世界一やさしい精神科の本

斎藤環／山登敬之　41287-0

ひきこもり、発達障害、トラウマ、拒食症、うつ……心のケアの第一歩に、悩み相談の手引きに、そしてなにより、自分自身を知るために——。一家に一冊、はじめての「使える精神医学」。

言葉の誕生を科学する

小川洋子／岡ノ谷一夫　41255-9

人間が“言葉”を生み出した謎に、科学はどこまで迫れるのか？　鳥のさえずり、クジラの泣き声……言葉の原型をもとめて人類以前に遡り、人気作家と気鋭の科学者が、言語誕生の瞬間を探る！